企 業 と 環 境

藤 平 慶 太

養 賢 堂

まえがき

　本書の目的は、事業活動に環境や持続可能性の概念が組み込まれるという、企業の意思決定の新たな潮流を明らかにすることである。本書では、

(1) 環境への対応を巡り企業の意思決定がどのように変化しているのか
(2) 企業はどのような行動原理で環境配慮に動くのか
(3) 企業による環境問題解決の方法にはどのようなものがあるのか
(4) 未来社会において企業にはどのような役割が期待されているのか

について考える。

　18 世紀の産業革命以降、企業は大気汚染や水質汚濁などの環境破壊の原因を作り出してきた。特に 20 世紀においては、大量生産・大量消費・大量廃棄型の経済発展が世界規模で拡散し、企業の活動は環境問題を加速させてきた。人類が地球環境に与えている負荷の大きさを測る指標であるエコロジカル・フットプリントによると、現在の人類全体の生活を支えるには地球 1.75 個分が必要になると計算されている。このまま 20 世紀型の経済発展が継続していけば、人類の環境負荷は地球のキャパシティを越えてしまうとみなされている。

　20 世紀が環境破壊の世紀であったのに対して、21 世紀は環境問題解決の世紀となろうとしている。20 世紀後半以降、地球環境の保全は人類が解決すべき喫緊の課題という共通認識が形成されてきた。企業はこれまで環境破壊の主役であったが、これから環境問題を解決する主役もまた企業である。かつて環境問題は「環境か発展か」というトレードオフの関係で議論されていたが、今やそのような言説は少なくなっている。技術や社会的仕組みを活用することで、社会が発展しながら環境問題を解決できるという認識が浸透している。国際社会においては、国連から「持続可能な開発目標」（Sustainable Development Goals: SDGs）というキーワードが発信され、企業もそれに呼応して経営課題の中心として SDGs への対応を据えることが珍しくなくなっている。さらに近年では、環境問題への対応が新たな市場を創出するという社会経済のパラダイムシフトが起きている。

　本書では、環境問題に関わる社会経済のパラダイムシフトがどのような背景

で起きているのかを概説した上で、企業がこのパラダイムシフトに対応していくための手法を検証する。企業の対応については日本の社会状況や制度設計を想定するが、グローバル市場の中での日本の位置づけについても示していく。

第1章「企業と地球環境問題」では、企業活動に起因する環境問題の概要について、歴史をひも解きながら俯瞰する。第2章「企業の環境戦略」では、企業が環境対応を事業戦略の中に組み込む際の考え方の枠組みを提示する。第3章「環境問題を巡る企業と社会の関わり」では、環境問題を取り巻く政策や各種ステークホルダーの分析の視点を示す。第4章「環境問題解決の手法」では、環境問題を解決するにあたって企業が取り得る具体的な手法（ツール）の概要を述べる。第5章「未来社会への視点」では、環境の観点からみた日本の未来社会の方向性と、その中で企業が果たす役割について述べる。

なお、本書は、筆者による慶應義塾大学大学院での講義「企業と環境」の講義内容をベースに構成している。読者が本書を参考とすることで、企業が地球環境問題において果たす役割を再認識し、具体的な活動についてのヒントを得てくれることを期待している。

目　次

第1章　企業と地球環境問題

　本章では、企業活動に起因する環境問題の概要について、歴史をひも解きながら俯瞰する。

1.1　持続可能な開発

　現代社会における環境問題解決の取り組みの根本には、「持続可能な開発」（Sustainable Development）の概念がある。本節では環境問題について考える糸口として、持続可能な開発とはどのようなものか、またどのように国際社会で議論されてきたかについて述べる。

1.1.1　持続可能な開発目標（SDGs）

　20世紀の社会経済の特徴として、科学技術発展、グローバル化、そしてそれらに付随した地球規模の環境破壊が挙げられる。20世紀における化石資源（石油、石炭、天然ガス）の用途の拡大は、世界の急激な人口増加と、先進国の生活の質の向上を支えてきた。また生産プロセスの技術革新によって成し遂げられたマスプロダクツ（大量生産製品）と企業のPR戦略の向上は、人々の購買意欲をかき立て、歴史上かつてなかった大量生産・大量消費・大量廃棄型の社会が生み出された。一方で、20世紀後半には、それまで発展の陰に隠れて人々がみようとしていなかった環境問題に目が向けられるようになってきた。主な環境問題には、地球温暖化（気候変動）、天然資源枯渇、廃棄物、水資源の汚染／枯渇、生物多様性喪失、化学物質、大気汚染、オゾン層破壊、海洋生物乱獲、森林破壊などがある。20世紀の環境破壊を逆戻しするための視点を提供するキーワードが、持続可能な開発という言葉である。

　持続可能な開発という言葉の定義は一義的に用いられているわけではないが、特徴としては次の3つの視点を内包している[1]。1つめは、自然資源の保護・保全である。これには希少生物の保護や生物遺伝子の保護、生物多様性の

保全、自然資源の適切な利用など、自然の制約を重視した観点が含まれる。2
つめは、世代間の公平性である。現代の世代と同様な豊かな暮らしを将来の世
代も営む権利があり、それを保証するための行動を取る必要がある、というこ
とである。これは、地球の限られた資源を有効に活用し、永続的な社会の発展
を目指していくという視点につながる。3 つめは、世代内での公平性である。
現在に生きる人々の間でも、豊かに暮らしを営んでいる人々と、貧困に苦しむ
人々の格差が大きい状況が改善されなければいけない、ということである。こ
れは、途上国の貧困問題解決へつながる。持続可能な開発は、この 3 つの視点
が同時に満たされるような活動で実現していく。

　持続可能な開発の概念を具体的な行動に落とした目標が、「持続可能な開発
目標」(Sustainable Development Goals：SDGs) というキーワードである。
SDGs は持続可能な開発の具体的な内容が国際社会でオーソライズされたもの
であるため、これを意識した事業戦略を立案する企業が増えている [2]-[4]。

　SDGs は、2015 年の国連総会で採択された、持続可能な開発のための 17 の
グローバル目標と 169 のターゲット（達成基準）からなる国連の開発目標で
あり、2016 年から 2030 年までの具体的行動指針となっている。SDGs の特
徴は、国連の行動指針としての位置づけだけでなく、各国政府、企業、非政府
組織（Non–Governmental Organization：NGO）など、あらゆるステークホ
ルダーに対して課題解決に主体的に取り組むことを求めていることである。多
くの企業はこれまで「企業の社会的責任」(Corporate Social Responsibility：
CSR) に取り組んできたが、CSR の観点からも SDGs は企業の具体的な行動
指針として活用されるようになった。SDGs に取り組む企業はロゴを使用でき
るようになるなど、国連による企業の巻き込みが意識的におこなわれている。

　SDGs の 17 のグローバル目標は 図 1.1 の通りである。それぞれの目標の
もとに、計 169 のターゲットが設けられている。気候変動、生物多様性喪失、
自然災害、高齢化、衛生、エネルギー問題、社会的公正、貧困格差、教育の質、
などの解決が目標として示されている [5]。

　この中で、特に環境関連する目標は、「6. 安全な水とトイレを世界中に」「7.
エネルギーをみんなに、そしてクリーンに」「12. つくる責任つかう責任」「13.
気候変動に具体的な対策を」「14. 海の豊かさを守ろう」「15. 陸の豊かさも守ろ

図 1.1　SDGs の 17 のグローバル目標

う」である。これらの目標とターゲットを企業の行動の観点から解釈すると、次のようになる。「6. 安全な水とトイレを世界中に」では、上下水道の整備への貢献や、排水の水質汚濁防止などが求められている。「目標 7. エネルギーをみんなに、そしてクリーンに」では、エネルギーを化石燃料から再生可能エネルギーへ転換していくことが求められている。企業としては、再生可能エネルギーの導入、投資、技術開発などが期待されている。再生可能エネルギーの導入だけでなく、エネルギー効率の改善もターゲットの 1 つである。「目標 12. つくる責任つかう責任」では、サプライチェーンでの環境負荷削減と、循環型社会構築による生産や消費段階での持続可能性が求められている。「目標 13. 気候変動に具体的な対策を」は、目標 7 のエネルギーのクリーン化と表裏一体の、地球温暖化防止による気候変動対策が求められている。気候変動を抑える緩和策のみでなく、気候変動の変化に対応した社会の構築である適応策も求められている。「目標 14. 海の豊かさを守ろう」「目標 15. 陸の豊かさも守ろう」は、それぞれ、海と山における生態系への配慮である。資源の調達から廃棄段階までのサプライチェーンにおける配慮が求められている。

1.1.2　持続可能な開発の歴史

　SDGs に到るまでの、国際社会の場での持続可能な開発の議論の歴史は約 50 年にわたる。

　開発の進展にともない世界の持続可能性を妨げる「成長の限界」が国際社会の場で注目されたのは、1972 年の「国連人間環境会議」（ストックホルム会議）が始まりであった。ストックホルム会議は、「かけがえのない地球（Only One Earth）」をテーマとして開催され、26 項目の原則からなる「人間環境宣言」および 109 の勧告からなる「環境国際行動計画」が採択された。国連の中で、環境に関する活動をおこなう組織である「国連環境計画」（United Nations Environment Programme：UNEP）はこの行動計画を受けて発足した。同じ 1972 年、資源問題、人口問題、環境問題などの課題を検証する民間組織であるローマクラブが発表した報告書『The Limits to Growth（邦題：成長の限界）』において、「人口増加や環境汚染などの現在の傾向が続けば、100 年以内に地球上の成長は限界に達する」という警鐘が鳴らされた。

　「持続可能な開発」という概念が表明されたのは、1987 年に開催された国連の「環境と開発に関する世界委員会」（World Commission on Environment and Development：WCED）の場である。WCED は委員長であるノルウェーのブルントラント首相の名前から「ブルントラント委員会」と通称される。ブルントラント委員会の最終報告書『Our Common Future（邦題：地球の未来を守るために、通称ブルントラント報告書）』の中で、持続可能な開発の概念が提示され、世界に広く認知されるようになった。この中で示された持続可能な開発の定義は、「将来の世代の欲求を満たしつつ、現在の世代の欲求も満足させるような開発」とされる。ここでは、環境と開発は互いに反するものではなく共存し得るものであり、環境保全を考慮した開発が重要であるという考え方が示された。

　1992 年 6 月にブラジルのリオ・デ・ジャネイロ市で開催された「環境と開発に関する国際連合会議」（地球サミットまたはリオサミット）では、持続可能な開発の概念はより一層具体化した。リオサミットでは、「気候変動枠組条約」

や「生物多様性条約」への署名が開始されるとともに、持続可能な開発の実現に向けて、「環境と開発に関するリオ宣言」（リオ宣言）、「アジェンダ21」、および「森林原則声明」が合意された。リオ宣言では、地球環境問題に対する先進国と途上国の責任の所在についての議論が反映され、「共通だが差異のある責任」という考え方が採用された。「共通だが差異のある責任」は、先進国と途上国の責任に関する考え方としてその後の国際交渉の枠組みを形作るようになった。アジェンダ21は、環境と開発に関わる人間活動のさまざまな分野にまたがる21世紀に向けた世界の行動計画である。そのカバー範囲は、貧困の撲滅、消費と生産の形態、大気、海洋、淡水資源、森林などの個別分野、さらには各行動を担う主体の役割や技術移転の促進、対処能力の強化、教育、研究、国際機構の整備など多岐にわたる。各分野における行動の目的や達成期限、具体的な行動内容、その実施のための手段、および制度や組織のあり方が記され、資金規模についても示された。アジェンダ21の着実な実施を促すため、国連の経済社会理事会のもとに53か国の政府代表からなる「持続可能な開発委員会」（Commission on Sustainable Development：CSD）が設けられた。

　2000年にニューヨークで開催された「国連ミレニアム・サミット」では、開発に関して2015年までに達成すべき8つの目標を掲げた「ミレニアム開発目標」（Millennium Development Goals：MDGs）が採択された。MDGsでは、「1. 極度の貧困と飢餓の撲滅」「2. 初等教育の完全普及の達成」「3. ジェンダーの平等の推進と女性の地位向上」「4. 幼児死亡率の削減」「5. 妊産婦の健康の改善」「6.HIV／エイズ、マラリアその他疾病の蔓延防止」「7. 環境の持続可能性の確保」「8. 開発のためのグローバル・パートナーシップの推進」の8つの目標が設けられている。これらの目標は2000年時点で国際社会の重要課題であった途上国の開発問題が中心となっており、先進国はそれを援助するという位置づけが強い。2012年にブラジルで開催された「国連持続可能な開発会議」（「リオ＋20」）では、成果文書『The Future We Want（邦題：我々が望む未来）』が採択され、MDGsの後継として、経済、社会、環境の3つの側面の概念を打ち出した「持続可能な開発目標」（SDGs）を採択することが宣言された。

　SDGsは、MDGsの後継として、2015年の国連総会の成果文書『Transforming our world：the 2030 Agenda for Sustainable Development（邦題：我々

の世界を変革する：持続可能な開発のための 2030 アジェンダ）』で示された。前項「1.1.1 持続可能な開発目標（SDGs）」で示した SDGs は、ここで採択された具体的項目である [2], [6]。

<h2>1.2　企業活動による環境問題</h2>

持続可能な開発が提唱されるようになった背景には、それまでの社会では環境問題を引き起こす持続可能ではない開発がおこなわれていたことがある。本節では、企業の活動による環境問題についての概要を述べる。

地球環境問題の中で特に重要な項目としては、主に 表 1.1 のようなものがある [7]。本節では、これらの環境問題について、企業活動の観点から「地球温暖化とエネルギー」「循環型社会」「サプライチェーンを通した環境影響」の大きく 3 つの主題に分類して、その意味を検証する。

<h3>1.2.1　文明は存続できるのか</h3>

地球は人類の文明を支え続けられるのかという観点から、地球の持続可能性を検証した「エコロジカル・フットプリント」という指標がある。これは、人間が環境に与える負荷（地球の自然環境を踏みつけた足跡）を、資源の再生産や二酸化炭素の吸収に必要な土地や海洋の表面積として示し、地球の環境容量とを比較する指標である。エコロジカル・フットプリントの特徴は、一元的な指標化が難しいさまざまな環境問題を、土地の面積（global hectares）という単一指標に置き換えてわかりやすく示したところにある。「カーボンフットプリント」「住居開発」「森林」「農業・畜産」「漁業」による土地利用の指標を計算することで、エネルギー問題、地球温暖化問題、人口問題、資源問題などが地球に与えるインパクトを表している [8]。

エコロジカル・フットプリントの算定をおこなっている NGO の Global Footprint Network によると、1970 年頃まではエコロジカル・フットプリントは地球 1 個分で人類の持続可能性を支えることができていた。しかし、1970 年代前半から 2000 年代中頃にかけて世界の経済発展とともに環境負荷が急激

表 1.1 主な地球環境問題

主題	環境問題	内容
地球温暖化とエネルギー	気候変動／地球温暖化	大気中の温室効果ガスが地球温暖化を引き起こしており、海面上昇、降雨パターンの変化、台風の大型化などの気候変動を引き起こしている。
	エネルギー	地球温暖化防止のため、エネルギーは二酸化炭素を排出する化石燃料から、二酸化炭素の排出をともなわない再生可能エネルギーへのシフトが求められている。
循環型社会	天然資源枯渇	化石資源や鉱物資源は、人類が活用すると再生できない枯渇性資源である。持続可能な利用をおこなわなければ、将来的には枯渇する。
	廃棄物	有害廃棄物を含む廃棄物の管理は、多くの国で課題となっている。特に産業国や都市部では大きな課題となっている。
サプライチェーンを通した環境影響	水資源	水質汚染と水資源の枯渇は地球規模で人間活動の制約となりつつある。未処理の排水は富栄養化を引き起こし、河川や湖沼での生態系破壊につながる。また、世界では産業化や人口増により、水資源そのものの枯渇が引き起こされている。
	生態系／土地開発	生態系は人類と自然の両方を支えるために必須の役割を果たしている。管理をともなわない資源開発は、生物の生息域の破壊や種の減少などの生態系の破壊を引き起こす。また、過放牧、過耕作、森林減少、過開拓などによる土地の過剰利用は、砂漠化を引き起こす。
	化学物質／毒素／重金属	有害物質は人間や動植物に対して、がん、生殖異常などの健康被害を与える。
	大気汚染	煤煙、粉塵、VOC などの大気汚染は、人の健康被害を引き起こす。途上国では工場や石炭火力発電による大気汚染が大きな問題となっている。硫黄酸化物（SOx）や窒素酸化物（NOx）は、酸性雨の原因となる。
	オゾン層破壊	オゾン層の破壊は冷媒などで用いられるフロンの排出によって引き起こされる。世界的なフロン規制によりオゾン層破壊は緩和されている。ただし、代替フロンは地球温暖化への影響という別の課題に直面しており、温室効果の少ない代替フロンへの転換が求められるようになっている。
	海洋生物	魚の乱獲、海洋汚染、気候変動は魚種資源を枯渇させ、海の生態系の破壊を引き起こしている。
	森林破壊	持続可能性に配慮しない森林資源の利用は森林破壊につながり、土壌侵食、地下水の枯渇、洪水リスク増加、生態系破壊を引き起こしている。

1

企業と地球環境問題

に増えて地球 1 個分を超えることになり、2019 年にはエコロジカル・フットプリントは地球 1.75 個分になっている。つまり、地球の環境容量はすでに人類の文明を支えられなくなっていることになる。特に資源に乏しく食料・資源の確保を輸入に頼り、かつ温室効果ガスを多く排出している日本は、国土の7.7 倍にあたる自然を消費しているとされており、地球環境の収奪の中心国となっている。将来的には、世界のエコロジカル・フットプリントを地球 1 個分に戻すことが人類に求められている。

　地球の持続可能性を示す別の指標として、「プラネタリー・バウンダリー（地球の限界）」という指標がある。これは、ストックホルム大学とオーストラリア国立大学の科学者が示した指標である。地球にとって「限界値」がある 9 つの環境要素を定義し、その限界値に対する現状の評価をおこなったものである。9 つの環境要素とは、「気候変動」「海洋酸性化」「成層圏オゾンの破壊」「窒素とリンの循環」「グローバルな淡水利用」「土地利用変化」「生物多様性の損失」「大気エアロゾルの負荷」「化学物質による汚染」とされる。この 9 つの環境要素のうち、「生物多様性の損失」「窒素とリンの循環」「気候変動」「土地利用変化」については、人間が安全に活動できる限界を越える危険域に達していると分析されている[9]。

　これらの指標は、いずれも現在の開発のあり方を継続した場合には、人類の文明が継続できなくなるという悲観的見通しを示唆している。人類が将来にわたり文明を存続させるには、その活動が地球環境に与える負荷を減少させていくしかない。地球環境問題が 20 世紀後半から急速に深刻化した背景には、人口増加と開発による世界の経済発展がある。1950 年には 16.3 億人 だった世界の人口は 2021 年に 78 億人 を超えている。国連人口基金（United Nations Population Fund：UNFPA）によると、2050 年には 97 億人、2100 年には109 億人 に達する見通しとなっている。さらには、新興国・途上国の急速な経済成長がこれに拍車をかけている。世界の GDP は 1970 年の 3 兆ドル から、2018 年の 86 兆ドル と約 28 倍 になっている[10]。さらに今後も新興国・途上国が先進国と同様の大量生産・大量消費・大量廃棄型の社会となれば、地球環境の負荷が一気に増加することとなる。

　環境問題は、戦争と平和の問題にもつながる。戦争の歴史は資源の奪い合い

の歴史である。有史以来、主な戦争や紛争は水資源、鉱物資源、生産物、エネルギー、農地などを巡る争いを遠因として発生してきた[11]。これらを巡る植民地争いの最終形態であった第二次世界大戦の後、武力による資源争いに代わり国際貿易が発展することにより、鉱物資源、生産物、農地などを巡る大規模な争いは減少した。一方で主要なエネルギーである石油を巡る紛争は継続し、中東地域は政情が不安定な「世界の火薬庫」となっている。さらに今後、地球温暖化によって海面上昇、砂漠化、農地・淡水の減少が起き、居住できる土地が減っていけば、難民が増加し各地で土地を巡る紛争が増加していく可能性がある。エネルギー問題や地球温暖化問題を中心とする環境問題の解決は、紛争の増加という最悪の社会シナリオを回避するためにも必須となる。

1.2.2　地球温暖化とエネルギー

20 世紀後半から世界の最重要課題となっている地球温暖化問題は、人々の生活を支えているエネルギー問題と表裏一体である。これまでの歴史では、化石燃料の使用は文明の発展の象徴として肯定的に捉えられてきた。しかし 21 世紀に入り、化石燃料多消費社会は、長期的に地球環境を破壊し文明を崩壊させるリスクとして世界から認識されるようになっている。

① 地球温暖化

地球温暖化とは、人間活動の拡大にともなう温室効果ガス（Greenhouse Gas：GHG）の排出量の増大により温室効果ガスの大気中の濃度が高まり、温室効果が強められて地表面の温度が気候の自然な変動に加えて上昇することである。また、地球温暖化にともなって世界の気候が長期的に変化することを気候変動という。地球の温度は、太陽から流れ込む日射エネルギーと、地球自体が宇宙に向けて出す熱放射とのバランスによって定まる。太陽から流入する日射は大気を素通りして地表面で吸収される。日射を吸収して加熱された地表面からは赤外線が熱放射されるが、大気中には温室効果ガスがあり、地表面からの熱を吸収する。吸収された熱の一部は下向きに放射され、地表面はより高い温度となる。この効果を「温室効果」という。

　温室効果ガスにはさまざまなものがあるが、二酸化炭素（CO_2）、メタン（CH_4）、亜酸化窒素（N_2O）、対流圏オゾン（O_3）、クロロフルオロカーボン（CFC：フロン）の 5 つの物質が代表的である。このうち CO_2 が、人為起源の温室効果ガス総排出量のうちの 4 分の 3 を占めて最も地球温暖化に寄与しているとともに、人間活動のあらゆる側面から排出されるため、CO_2 が温室効果ガスと同義に扱われることが多い。

　地球温暖化は 21 世紀に入り、最も「ホット」な環境問題となっている。地球温暖化の原因は、人類が社会活動・経済活動の中で排出する温室効果ガスである可能性が極めて高いことが、気候変動について評価をおこなう国際機関である「国連気候変動に関する政府間パネル」（Intergovernmental Panel on Climate Change：IPCC）によって明らかになっている。大気中の CO_2 濃度は産業革命以前の段階では 280 ppm 程度であったものが、その後徐々に増加し、2019 年には 410 ppm となっている。これにより、地球の平均気温は産業革命以前に比べて 1 °C 上昇したと推定されている。現在の進行速度で温室効果ガスの増加が続くと、2021 年から 2040 年の間に産業革命以前と比べて 1.5 °C の平均気温上昇に達する可能性が高いと IPCC が結論づけている。そして、もし今世紀末まで対策を取らないとすると、今世紀末には最悪シナリオで 4.4 °C 上昇すると予測されている[12]。2015 年の第 21 回気候変動枠組条約締約国会議（COP21）で採択された「パリ協定」では、このような地球温暖化を食い止めるために世界の平均気温上昇を産業革命以前に比べて 2 °C より十分低く保ち、1.5 °C に抑える努力をすることが目標とされている。

　2018 年の世界のエネルギー起源 CO_2 は約 335 億 t/年 である。最も多くを占める排出国は中国で 28.4 %、2 位がアメリカ 14.7 % である。インド 6.9 %、ロシア 4.7 % と続き、日本は 5 位を占める 3.2 % となっている[13]。世界の CO_2 排出量の約 6 割をこの中米印露日の 5 か国 が占めることになる。2 か国で 4 割を占める中・米の役割はいわずもがなであるが、日本も地球温暖化防止における役割は大きい。世界の CO_2 排出量のトレンドをみると、1950 年前後には 100 億 t/年 程度だった排出量が 2018 年には 3 倍以上の 335 億 t/年 になっている。産業革命から現在までの人為起源の CO_2 排出量のうち、1990 年から 2019 年の直近 30 年間に発生したものが半分以上を占める[14]。20 世紀

後半から 21 世紀初頭にかけて、世界各国で化石燃料多消費社会化が進展したことにともない、急速に CO_2 排出量が増えていったことがその大きな原因である。実際には地球温暖化の責任の半分は、産業革命以後のうちの現役世代の責任にあるということになる。

　IPCC が 2019 年に公表した特別報告書によると、地球温暖化が最も深刻化した場合の 2100 年の世界は衝撃的なものである [15], [16]。平均海面水位は最大 1.1 m 上昇する。沿岸の湿地は海面上昇により 2〜9 割が消失する。ヨーロッパやアジアなどの規模の小さな氷河が 8 割以上溶ける。海面上昇により生態系に影響が及び、漁獲量は最大 24 % 以上落ちる。1 年あたりの沿岸の浸水の被害は現在の 100 〜 1,000 倍 に増加する。海洋熱波が約 50 倍 の頻度で発生する。永久凍土の溶解が進み、小さな湖が増える。グリーンランドや南極の氷床の融解が加速する。特に北半球の約 4 分の 1 を占める永久凍土の溶解によって、空気中に大量の炭素やメタンガスが放出されることで不可逆的に温暖化が進むと想定されるため、それを止める分岐点は今後 10 〜 20年 の人類の取り組みにかかっているといわれる。

　地球温暖化による気候変動は、日本に住むわれわれも実感として感じられるようになっている。熱波や大雨・豪雨など、災害をもたらす異常気象が毎年のように起こるようになっている [17]。環境省が地球温暖化の普及啓発のために 2019 年にウェブで公開した『2100 年 未来の天気予報』によると、日本で 2000 年頃と比べて平均気温が 4.8 °C 上昇する 2100 年のワーストシナリオでは、2100 年には 8 月の最高気温は 44 °C を超える [18]。熱中症で年間 1 万5,000 人 が死亡する。35 °C を超える日が年間 60 日 を超える。暑さで北海道でも米が育たなくなり、国産米が食べられなくなる。毎年のように猛烈な台風が上陸し、最大瞬間風速は 90 m/s になる。冬場は、2 月の最高気温が 25 °C 以上の「夏日」となり、真冬でも熱中症で病院に運ばれる人が出る。

　地球温暖化の問題には、富の不平等問題も関わる。地球温暖化の影響を最初に受けるのは、貧しい地域や貧困層だといわれる。気候変動による影響は世界全域で発生するものの、環境変化に対する適応力に差があるからである。世界がグローバル化する中においても、貧困層は移動の手段が限られ、生活手段は土地にしばられている。気候変動によって海面上昇が起これば、沿岸地域に住

1

企業と地球環境問題

11

む人たちは住む場所を失う。干ばつが起これば、食料を自給自足してきた人た
ちは飲み水や食料を失う。気温が上昇すれば、熱中症リスクにそのままさらさ
れ、適切な治療を受けることもできない。また、水や電気のインフラが整って
いない地域では、エアコンなどで気候変化に適応する生活環境を作ることが難
しい。経済的に余力があれば新しい技術を導入することや住む場所を移すこと
でこれらの変化に適応できるが、貧困層はこのような対応が困難である。この
ようなことから、SDGs の「目標 13. 気候変動に具体的な対策を：気候変動お
よびその影響を軽減するための緊急対策を講じる」では、途上国における気候
変動適応策の強化に関するターゲットが設定されている。

②　エネルギー

　人類の文明はエネルギーの利用なしには継続できない。エネルギー問題は地
球温暖化問題と表裏一体である。世界の温室効果ガス全体のうち、化石燃料由
来の CO_2 が約 65 ％ を占めている[19]。エネルギーを化石燃料からクリーン
なエネルギーに転換していくことが、地球温暖化防止に大きく寄与する。

　日本はアメリカ、中国に続く世界第 3 位の GDP を誇る経済大国である。製
造業を中心とする経済であるため、エネルギー消費量が世界 5 位のエネルギー
消費大国でもある[20]。これは前述の温室効果ガス排出量の順位と一致してい
る。日本はエネルギーの大半を海外からの輸入に頼っており、エネルギー自給
率（2018 年）は 11.8 ％ となっている[21]。残り 90 ％ は、海外から石油、石
炭、天然ガスを輸入してまかなっていることになる。特に石油はその 9 割近
くを政情が不安定な中東に依存しており、エネルギー問題は国家戦略上のリス
クとなっている。このため、1973 年の石油ショック（オイルショック）以降、
日本ではエネルギー効率化の仕組みを作り出してきた。1973 年から 2019 年
の企業・事務所部門のエネルギー消費量の増加率は 1.0 倍と横ばいになってい
る。同じ期間、日本の GDP は 2.6 倍になっているため、製造業を中心に、企
業は省エネの努力をしてきたことがわかる[22]。

　日本は省エネの取り組みが進んでいるものの、地球温暖化の国際的議論の中
で発言プレゼンスをもっていない。日本のエネルギーミックスが化石燃料によ
る火力発電に頼っていることが理由である。電源構成における火力発電の割合

は 2018 年には 77％ に達している[21]。これはベース電源として活用されていた原子力発電の停止にともなうものであり、原子力発電がフル稼働していた 2010 年の火力発電の割合 65.4％ から増加している。火力発電を減らすためには再生可能エネルギーを増加させる必要がある。日本政府は『第 6 次エネルギー基本計画』（2021 年）において、2030 年までに再生可能エネルギー比率を 36 〜 38％ まで増加させることを目標としている[23]。これに向けて「再生可能エネルギー固定価格買取制度」（Feed in Tariff：FIT）をはじめとした再生可能エネルギー促進政策が導入されている。

　エネルギー問題は地球温暖化問題だけでなく、文明、資源、国際政治など、多様な問題を内包している。まず、エネルギー問題は文明問題の側面をもつ[24]。人類の文明は、われわれの祖先が火というエネルギーをコントロールできるようになったことから始まっている。産業革命はエネルギー革命を中心に起こった。18 世紀半ばの第一次産業革命は石炭と蒸気の利用によって軽工業化が進んだ。19 世紀後半からの第二次産業革命では、石油と電気の利用によって重化学工業化が進展した。産業革命以後の文明は、化石燃料によって支えられた化石燃料文明である。化石燃料文明では、生産能力が飛躍的に向上し、急速な人口爆発が起こった。しかし、20 世紀後半からは、地球温暖化による地球環境の制約から、人類は化石燃料文明からの脱却が求められるようになった。人類には、文明を維持するために、化石燃料を使わずに発展を継続するという難しい取り組みが求められている。

　また、エネルギーは資源問題でもある。石油、石炭、天然ガスという化石燃料は、数億年かけて地下で蓄えられた有限な資源である。このため、いずれの化石燃料もいつかは枯渇する。地球温暖化への認識が世界で共有される 20 世紀後半までは、化石燃料偏重への危機感は、主に資源枯渇問題の観点から語られてきた。化石燃料が有限な資源であることを提起したのは、地球物理学者 Hubbert による「ピーク・オイル」についての論文である[25]。1956 年に発表されたこの論文では、当時世界一の石油産出国であったアメリカの石油産出量が 1966 年から 1971 年の間に頂点に達し、その後減少に転じると予測した。その予測の通り、アメリカの石油産出量は 1971 年にピークを迎えた。その後も、世界の石油産出量のピークがいつ頃起こるかは、地質学者たちの大きな

議論であった。「国際エネルギー機関」（International Energy Agency：IEA）
は、世界の石油の生産量は 2006 年にピークを迎えていた可能性が高いとの報
告書を 2010 年に発表した[26]。そのほかの化石燃料もいずれは枯渇すると推
測されている。世界の埋蔵量を 2016 年の生産量で除した可採年数は、石油が
56.0 年、天然ガスが 52.5 年、石炭が 153 年とされている[27]。可採年数は、
シェールガスやシェールオイルの採掘のように技術革新や今後の需要量によっ
て変わり得るが、地下資源が有限である以上、いずれは枯渇することは間違い
ない。

　さらにエネルギー問題は、国際政治や安全保障の問題もはらんでいる。原油
は主に中東を中心とした政情が不安定な地域に偏在している。世界における石
油の確認埋蔵量は中東地域が約 50％ を占めている。これに南米ベネズエラを
合わせると 65％ を占めている。特に日本は石油の 9 割近くを中東に依存して
いる[28]。中東は「世界の火薬庫」といわれるように、複雑な宗教問題や民族
問題を背景に紛争が頻発してきている。中東における政情の安定化は世界のエ
ネルギー問題の安定化につながるため、アメリカは中東における軍事プレゼン
スを保持し続けている。中東で政情不安が起これば原油価格が高騰するという
サイクルが歴史上繰り返されている。日本のエネルギーコストは中東の政治に
大きく左右され、ひいてはそれは景気動向に影響するという地政学的リスクに
さらされている。本来は安全保障の観点から、日本はエネルギー自給率を高め
ていく必要があるが、日本は化石燃料の自給は不可能であるため、再生可能エ
ネルギーまたは原子力発電を使うしかエネルギー自給率を高める道はない。

　どのようなエネルギー源を使うのかは、技術の発展に左右される。石炭をエ
ネルギーとして利用できるようになったのは 18 世紀であり、続いて石油が本
格的に利用されるようになったのは 19 世紀後半以降である。原子力発電は 20
世紀中頃に実用化された。再生可能エネルギー発電は 20 世紀後半以降から開
発が急速に進むようになった。現在では、再生可能エネルギー由来の電気から
水をエネルギー転換して用いる水素の本格利用に向けた技術開発が進められて
いる。21 世紀中には核融合発電の技術確立が目指されている。化石燃料はエ
ネルギー密度が高く、かつ可搬性が高いために利用方法が多様なエネルギーで
ある。ただし、資源枯渇や地球温暖化の原因という環境の観点から、使用の制

限が必要となってきた。原子力発電は資源の効率的利用や温室効果ガスを排出しないという観点から、かつては理想のエネルギーであった。しかし、福島第一原発の事故以降、万が一事故が起きた場合の不可逆的な環境被害や、放射性廃棄物の観点から、平常時には目をそむけていたリスクがクローズアップされるようになり、世界的にも積極的な新規開発を促進できない状況にある。

　再生可能エネルギーは、自然界に降り注いでいる太陽エネルギーと、それにともなう自然現象である風、または自然界に存在しているバイオマス、水の流れ、地熱などを使うものである。これらは自然界に存在しているエネルギーであるものの、効率的に利用するためには技術の発展が必要であった。さらに、太陽光発電や風力発電はエネルギー密度が低いことが課題である。太陽光発電や風力発電で原子力発電と同じ発電量を得ようとすれば、広大な土地という資源が必要となる。一方で、太陽光発電、風力発電、水力発電、地熱発電は、一度設備を設置してしまえば主にメンテナンス費以外はコストがかからず、燃料の市場価格動向などに左右されずに発電できる、いわば限界費用ゼロのエネルギーである[29]。21世紀には、再生可能エネルギーが世界のエネルギーの中心となると見込まれている。

1.2.3　循環型社会

　循環型社会は、ごみ問題と資源問題の2つの側面をもっている。第二次世界大戦後の経済成長と合わせて、大量生産・大量消費・大量廃棄型の社会システムが構築され、多くのモノが使い捨てされるようになった。使い捨ては資源の浪費を引き起こすとともに、廃棄段階でのごみ問題を引き起こすようになった。大量生産・大量消費・大量廃棄型の社会システムからの脱却を目指すための概念が、循環型社会である。循環型社会の構築のためには企業・行政・消費者などの各ステークホルダーが役割を担う必要がある。企業は資源の無駄使いを減らし、リサイクルをしやすい製品を作り、リサイクル技術で廃棄物をリサイクルする。ただし、廃棄物は分別すれば資源になるが、混合したままであればリサイクルできないごみのままである。このため行政は廃棄物を分別収集するための法律や制度を整備し、リサイクルを促進する社会システムを構築す

る。一方で社会システムが存在しても、消費者が適切にそのシステムを運用しなければ、廃棄物は資源とならない。消費者は分別などの行動で循環型社会の一員としての役割を担う。

① ごみ問題

「ごみ問題」とは、日常生活や経済活動の中で発生した廃棄物に関する問題のことである。日本では、1960 年代の高度経済成長期以降、急速に廃棄物の量が増加し、1955 年から現在にかけて約 70 倍まで増加している [30], [31]。日本では衛生向上、公害問題、生活環境の保全、資源循環、というごみに関わる課題の解決のため、さまざまな制度設計がなされてきた。資源循環に関する制度設計については、「4.4 資源循環」 で詳述する。

ごみ問題は、主にローカルな環境問題と考えられてきた。ごみが適正に処理されなければ、ごみの排出場所周辺の衛生が脅かされ、地域の土壌や水質汚濁につながり、周辺の住民生活環境や生態系を悪化させる。例えば、日本では戦後直後（1950 年代）にはごみは河川・海洋への投棄や野積みがおこなわれていたため、ハエや蚊の大量発生や伝染病の拡大などの公衆衛生の問題が生じていた。高度経済成長期（1960 年代）には、工場などから排出される廃棄物、例えば製造工程中に排出する汚泥、合成樹脂くず、廃油類などは適正な処理がされないまま廃棄され、有機水銀、カドミウムなどの有害廃棄物が公害を引き起こし、周辺住民に深刻な健康被害をもたらした。日本のごみ問題に関する政策は、当初はこれらのローカルな環境問題の解決を目指して進められてきた。

現在ではごみ問題は、ローカルな問題だけでなく、グローバルな問題として捉えられている。例としては、海洋プラスチックの問題がある。世界各国からさまざまなルートで海洋に流出したプラスチックごみは合計 1 億5,000 万 t が蓄積されているといわれ、さらに毎年 800 万 t が新たに流出すると推定されている [32]。一度放出されたプラスチックごみは容易には自然界で分解されず、多くが数百年間にわたり残り続ける。プラスチックごみは海岸での波や紫外線の影響を受けるなどして、やがて小さなプラスチックの粒子となり、世界中の海中や海底に残る。

5 mm 以下になったプラスチックはマイクロプラスチックとよばれている。

マイクロプラスチックは、洗顔料や歯磨き粉のスクラブ剤として広く使われてきたプラスチック粒子（マイクロビーズ）や、プラスチックの原料として使用されるペレット（レジンペレット）の流出、合成ゴムでできたタイヤの摩耗やフリースなどの合成繊維の衣料の洗濯などによっても発生している。現状が続くならば、海洋に漂うプラスチックごみの量は 2025 年までに魚 3 t につき 1 t の比率にまで増え、さらに 2050 年には魚の重量を上回るという説もある[33]。食物連鎖の中でマイクロプラスチックを体内に取り込んだ魚はいずれ人間の口に入る。マイクロプラスチックを体内に取り込んだ魚を食べることによる人体への影響が懸念されているが、その影響については未知数であり、研究が進められている。2015 年にストローが鼻に刺さった亀の動画が世界で報じられるなどで世論が喚起され、近年では海洋プラスチックが国際的な環境問題として認識されるようになっている[34]。欧州委員会では海洋プラスチックごみ削減に向けて、主な使い捨てプラスチック製品の流通を 2021 年までに禁止する規制を 2019 年に採択した。企業もこれらに呼応し、大手飲食業をはじめとして、アメリカ、ヨーロッパを中心にプラスチック製ストロー廃止の動きが広がった。

　食品廃棄物問題もローカルであると同時にグローバルなごみ問題である。日本の食料自給率は 37 %（2018 年、カロリーベース）であり、63 % は海外からの輸入に頼っている。日本は世界から食料を購入できる経済力があるため、輸入で国内消費をまかなうことができる。これが、世界における食料の不平等問題に直結する。世界の人口増加が将来的に食糧危機を引き起こすと予測されており、現在でも世界では約 7 億人が飢餓に苦しんでいる[35]。世界の穀物の生産量は約 26 億 t/年 であり、これらの食料が平等に分配されていれば 1 人あたり約 340 kg/年 の穀物が分配されることになる。これは日本人が食べている穀物 154 kg/年 を上回ることになる。さらに、技術革新によって世界での食料の収穫量は向上している。

　それでもなお世界の人口の 1/9 に食料が十分にいきわたらないのは、食料分配の不平等性に起因する。国際連合食糧農業機関（Food and Agriculture Organization of the United Nations：FAO）の報告書によると、世界の総食糧生産量の 1/3 にあたる約 13 億 t/年 の食料が毎年廃棄されている[36]。こ

の量は、飢えた人口の倍以上の人々に食事を提供できる量である。日本では、本来食べられるにも関わらず廃棄されている食品である食品ロスの量は国内で600万 t/年 （2018 年度）となっている[37]。

　このように、日本の食品廃棄物問題も突き詰めれば、世界の食料分配の不平等の問題につながる。先進国で食品廃棄物の問題を解決できなければ、世界の食料危機の問題が拡大することになる。日本では、2000 年に食品リサイクル法が整備され、企業では食品リサイクルに取り組んできた。食品リサイクルの現状については、日本企業は国内でのノウハウを活用し、リサイクル技術や適正処理技術とともに、分別回収などの制度設計のノウハウを一緒に輸出することで、世界の環境改善に貢献できる可能性がある。将来の世界の廃棄物量は、2050 年までには 2000 年の 4 倍 まで増加し、全体のうちアジアが約半分の増加割合を占めるようになるという予測がある[38]。日本では廃棄物の排出量は横ばいとなっており廃棄物処理産業は成熟市場であるが、世界のごみ問題を解決するためには、日本の知見や技術で貢献できるポテンシャルは大きい。

② 資源問題

■鉱物資源と都市鉱山　日本は鉱物や化石燃料といった天然資源の賦存量が小さい資源小国であり、資源の大半を輸入に頼っている。資源を効率的に活用することは、国の安全保障に関わる問題であり、リサイクルは必須の政策となる。日本政府は、化石資源と鉱物資源を確保するための戦略として『新国際資源戦略』（2020 年）を策定している[39]。また、重要な素材であるプラスチックに関して、『プラスチック資源循環戦略』（2019 年）を策定している[40]。日本は原料を他国から輸入して電子製品や自動車などを加工して輸出する生産形態を取っているため、鉱物資源の確保が経済を支える上で重要課題となっている。日本には天然レアメタル資源がほとんどない一方で、世界消費量の約半分を占めているといわれている。各国で資源を囲い込む資源ナショナリズムの台頭は、産業の根幹に関わるリスクとなる。『新国際資源戦略』においては、鉱物資源の確保に関してリサイクルの推進や的確な備蓄などによる対応が示されている。

　リサイクルによる資源確保に関して、都市鉱山という概念がある。都市鉱山

とは、都市においてごみとして大量に廃棄される家電製品などの中に存在する有用金属資源（レアメタルなど）を鉱山に見立てた、鉱物資源のリサイクルを示す概念である。都市鉱山の概念は、日常の廃棄物を集約してリサイクルすれば有用な資源が確保できるという発想の転換であり、環境の面のみでなく資源政策の面からも重要なものである。携帯電話やパソコンなどの電子機器には、金や白金、コバルト、タンタルなどのさまざまな資源が含まれている。これらの廃棄物に含まれる有用な金属を新たな製品の原料として再利用し、資源確保をおこなう。

　都市鉱山の特徴には次のようなものがある。まず、廃棄された製品には一定の割合で有用資源が含まれているため、資源探索の必要がない。また、加工を経て集約的に使用された原料であるため、一般に天然鉱石より高品位である。採鉱、精錬という視点で、省資源・省エネルギーの余地が大きいという特徴もある。これらの資源の賦存量は廃棄物量に比例し、有用金属が含まれる電子機器の消費場所と一致する。すなわち、これらの製品を国内で大量生産・大量消費・大量廃棄してきた日本にこそ資源が多く存在している。さらに過去に蓄積されてきた資源を利用できるため、資源小国であった日本が、都市鉱山の資源大国となる。

　独立行政法人物質・材料研究機構の推計によると、日本にこれまで蓄積された都市鉱山における金の総量は 6,800 t で、全世界の現有埋蔵量の約 16 % にあたる。銀は 60,000t で、世界の埋蔵量の 22 % に及ぶ。同様にインジウムは世界の 16 %、錫は 11 %、タンタルは 10 % と、日本の都市鉱山には全世界埋蔵量の一割を超える金属が多数存在する [41]。日本全体で廃棄される小型家電は約 60 ～ 65 万 t/年 と推定されており、仮にその中に含まれている有用金属をすべて回収・リサイクルすると、金額にして約 844 億円 分の価値にのぼると推計されている [42]。都市鉱山の課題は、それぞれの電子機器にはごく微量しか貴金属が含まれておらず、廃棄物として排出する段階で大量に集める必要があることである。このため、希少金属が含まれる電子機器を収集する仕組みが必要となる。日本では、2013 年に小型家電リサイクル法が施行され、携帯電話などの小型家電を収集する仕組みができた。

　あらゆる面で現代社会を支える素材である鉄や銅も資源回収をおこなえばリ

サイクルができる資源であり、これらは有価物としてリサイクルがかなりの程度成立している。鉄、アルミニウム、銅のそれぞれについて、原料の約 3 割にリサイクル原料が用いられている [43]。これらは建設リサイクル法、自動車リサイクル法、家電リサイクル法、容器包装リサイクル法などの仕組みのもとで、分別回収が適切におこなわれ、リサイクルが進められている。これらの金属リサイクルの利点は、資源の有効利用だけでなく、生産に関わるエネルギーを減らすことができるところにある。例えば、アルミニウムは、リサイクル原料から製品を製造する場合には、ボーキサイトを原料として新地金を製造する場合に使用されるエネルギーの 3 ～ 5 % に抑えることができる。

■化石資源とプラスチック　金属とともにわれわれの生活を支える素材であるプラスチックは、化石資源を原料としている。その原料は、原油を精製して得られるナフサであり、日本が輸入する原油のうち、約 3 % がプラスチックの生産に使われている [44]。プラスチックには、軽量で丈夫、断熱性が高く絶縁性がある、成形しやすく大量生産が可能、保存に優れている、着色が自由、などの特徴がある。このような利点から、世界の大量生産・大量消費・大量廃棄型社会を支えてきた。日本で生産されるプラスチックの主な用途としては、39 % がフィルム・シート（レジ袋、包装パックなど）、15 % が容器（ペットボトルなど）であり、半分以上がこれら容器包装に用いられていることになる。そのほかに 12 % が機械器具・部品（家電製品、自動車など）、パイプ・継手 8 %、日用品・雑貨 5 %、などとなっている（2019 年）[45]。

　多様な利点に恵まれているプラスチックであるが、化石資源を利用しているという観点から、資源枯渇、地球温暖化、ごみ問題という課題と密接に関わっている。プラスチックのもう 1 つの利点として、リサイクルが可能という特徴がある。リサイクルが有効に機能すれば、これらの課題解決に寄与できる。日本では廃プラスチックのうちリサイクル率は 25 %（マテリアルリサイクル22 %、ケミカルリサイクル 3 %）である。サーマルリサイクルである熱回収率61 % を合わせると 86 % が有効利用されていることになる [46]。

　ただし、世界全体でみるとプラスチックリサイクルの仕組みができている国が多いわけではない。例えば、世界全体のプラスチック容器包装のリサイクル

率は 14 %、熱回収を含めた焼却率は 14 % とされており、有効利用される割合は計 14 〜 28 % にとどまる[47]。世界的にみればリサイクル・適正処理が適切に進んでいないことが、前述の海洋プラスチックのようなごみ問題を引き起こしている。

1.2.4 サプライチェーンを通した環境影響

企業には、サプライチェーンの川上から川下まで含めた環境配慮が必要となっている。20 世紀における企業活動による環境問題は、製造時の公害や廃棄時のごみ問題という、製品やサービスにおけるサプライチェーンの川中から川下が主に着目されてきた。サプライチェーンの川中から川下の環境問題は、その発生場所におけるローカルな範囲で目にみえることが多い。一方、21 世紀においては生態系や地球温暖化に対する関心の高まりにより、原料調達段階や輸送段階などを含めたサプライチェーンの川上にまで目が向けられるようになっている。川上での環境負荷は製品・サービスの表層には可視化されない場合が多いが、企業は製品・サービスの裏にある環境負荷にまで目を配る必要が出てきている。

① 生態系

サプライチェーンの川上から川下まで通じて発生する環境問題には、生態系の破壊がある。

開発にともなう環境破壊や気候変動により、地球の生物圏は危機に瀕している。地球上の種の絶滅スピードは自然状態の約 100 〜 1,000 倍 に達するとされている。世界 132 か国 の政府が参加する「生物多様性および生態系サービスに関する政府間科学政策プラットフォーム」（Intergovernmental science–policy Platform on Biodiversity and Ecosystem Services：IPBES）は 2019 年、人類の活動によって約 100 万種 の動植物が絶滅の危機に瀕していると警告する報告書『生物多様性と生態系サービスに関する地球規模アセスメント報告書』を発表した[48]。陸上ではすでに、在来種が 1900 年以降で 20 %以上も絶滅している。現在 40 % 以上の両生類、約 33 % のサンゴや海洋哺乳

類、約 10 % の昆虫が絶滅の危機にあると推定されている。脊椎動物でも、16
世紀からすでに 680 種が絶滅し、9 % を超える家畜哺乳類が絶滅した。現在も
約 1,000 種 の脊椎動物が絶滅の危機にある。

　生物多様性の減少は人間活動に起因するものであり、影響の大きいものから
順に、①土地および海洋の利用の変化、②生物の直接利用（漁獲、狩猟含む）、
③気候変動、④汚染、⑤侵略的外来種、が要因と考えられている。このうち気
候変動の影響は今後さらに拡大していくと予想されるため、その順位が上記①
②を上回る可能性がある、とされている。

　生物多様性は、単なる自然への敬意という観点のみでなく、人類の生存にも
関わっている。生態系には、動物、植物、土、といった多くの要素が含まれて
おり、食物となる魚・貝、製紙や建材に用いられる木材、そして清浄な水や大
気などを生み出す源泉となっている。Costanza らの試算によれば、生態系が
もたらしているこれらのサービスを経済的価値に換算すると、1 年あたりの価
格は 33 兆ドル（約 3,040 兆円）の規模になるとされる[49]。IPBES 報告書に
よると、生物多様性の悪化は、貧困、飢餓、健康、水、都市、気候、海洋、森
林などに関連する 44 の SDGs のターゲットのうち 35 の進捗を遅らせる要因
になっているとされ、単なる環境問題ではなく、開発、経済、安全保障、社会、
規範など多くの分野に関連する課題となっている。

　将来の科学の発見により人類が利用できるようになる可能性がある遺伝資
源が喪失されていくことも、生態系の喪失による人類の損失である。遺伝資源
とは、「現実のまたは潜在的な価値を有する遺伝の機能的な単位を有する、植
物、動物、微生物その他に由来する素材」であるとされる。遺伝資源は、農作
物や家畜の育種、医薬品開発、バイオテクノロジーへの活用をおこなうことが
できるが、一度失われると永久に復元できない。その喪失は、将来の人類の発
展に寄与できる潜在的な可能性が永久に失われることを意味する。

　地球上で最大の生物多様性を誇る熱帯地域での生態系の喪失が、地球規模の
生態系の最大の課題である。熱帯林が地球の陸地に占める割合は 7 % に過ぎ
ないが、熱帯林に生息する生物は、地球上に生存している生物の 50 〜 80 %
になるといわれている。世界の熱帯林の面積は、過去には陸地面積の 16 % を
占めていたが、1975 年頃までにそのうち 4 割が伐採され、現在では全陸地面

積の 7% を占めるに過ぎなくなってしまった[50]。熱帯林の消失によって多くの動植物種が滅び、または種の維持が困難なほどに生息地が狭められている。原生的な熱帯林は毎年 600 万 ha の速さで減少・劣化し、熱帯林に棲む動植物種は毎日 100 種 が消失しているといわれている[51]。

熱帯林喪失の原因としては、プランテーションの開発など農地への転用、非伝統的な焼畑農業の増加、薪炭材の過剰採取、森林火災、などが挙げられる。その背景として、開発途上国における貧困や急激な人口増加などの問題がある。

日本においても、生態系の減少は課題である。日本では野生生物の約 3 割が絶滅の危機に瀕しているとされる。日本における生態系破壊の主な原因としては、開発や乱獲による種の減少・絶滅、生息・生育地の減少、里地里山などの手入れ不足による自然の質の低下、外来種などの持ち込みによる生態系のかく乱、地球環境の変化による危機、などが挙げられる[52]。

生物多様性の保護のため、国連において「生物多様性条約」（1992 年）が採択されている。生物多様性条約は、生物多様性の保全、生物多様性の構成要素の持続可能な利用、遺伝資源の利用から生じる利益の公正かつ衡平な配分、を目的とする条約である。この条約では、先進国の資金により開発途上国の取り組みを支援する資金援助の仕組みと、先進国の技術を開発途上国に提供する技術協力の仕組みが設計されている。これにより、経済的・技術的な理由から生物多様性の保全と持続可能な利用の取り組みが十分でない開発途上国に対する支援をおこなう。また、生物多様性に関する情報交換や調査研究を各国が協力して実施することとなっている。希少種の取引規制や特定の地域の生物種の保護を目的とする国際条約である「絶滅のおそれのある野生動植物の種の国際取引に関する条約」（ワシントン条約）や「特に水鳥の生息地として国際的に重要な湿地に関する条約」（ラムサール条約）などを補完し、生物の多様性を包括的に保全し、生物資源の持続可能な利用をおこなうための国際的な枠組みと位置づけられる。

企業は、サプライチェーンにおける間接的・直接的な生態系の破壊リスクを回避することが求められる。大規模な土地開発などにおいては、その土地の生態系に配慮した計画を立てる必要がある。これについては、環境アセスメント

1

企業と地球環境問題

制度（環境影響評価制度）が、計画段階における生態系配慮を制度的に担保している。近年において重視されているのが、サプライチェーンの川上における途上国などでの生態系の保護である。例えば、原料調達段階での生態系破壊の回避を担保するため、持続可能性に配慮した原料調達を証明する認証制度が用いられることが多い。木材の調達においては、持続可能性に配慮した経営がおこなわれている森林からの調達を証明する認証制度として、森林認証制度（Forest Stewardship Council：FSC 認証）が存在する。農園開発段階での熱帯林の破壊が問題となっているパーム油については、持続可能性に配慮して生産されたパーム油であることを証明する認証制度として、RSPO 認証（Roundtable on Sustainable Palm Oil）が存在する。海洋資源については、持続可能な漁業で獲られた水産物であることを証明する認証制度として、MSC 認証（Marine Stewardship Council）が存在する。これらの認証制度では、原材料の持続可能性を第三者が確認しているため、企業は認証制度を活用することで調達段階での環境配慮を外部に示すことができる。

② 水資源

　生態系と同様に、水資源問題もサプライチェーンの川上から川下まで通じて発生する環境問題である。日本は「湯水のごとく使う」という慣用句があるように水資源が豊富であるが、世界からみると水資源は貴重な資源である。人類が直接採水できる河川・湖沼は地球上に存在する約 14 億 km^3 の水のうち、わずか 0.01％ と推定されている [53]。日本では飲み水や農業・工業での水利用において普段はあまり資源の制約が意識されないが、世界的にみると推定で約22 億人、およそ人類の 3 人 に 1 人 は安全な水が飲めない [54]。特にアフリカ地域では、水不足な地域が多く、これは貧困地域と重なる。衛生的な水が得られないことで、年間約 180 万人の子供たちが亡くなっている。衛生的な水がなければ、伝染病にかかりやすくなる。また、小麦などの食料の栽培には大量の水が必要であるため、水不足はそのまま食料不足の原因となる。

　水問題が世界的な問題となる背景には、水資源の偏在性がある。例えば、世界で最も水資源が多いといわれるカナダでは国民 1 人あたり年間 90,000 m^3 の水資源が存在しているのに対して、慢性的な水不足に悩む中東のエジプト、

サウジアラビア、クウェートなどでは 1 人 あたり約 $1,000\,\mathrm{m}^3$ と、カナダの 90 分の 1 の水しか存在しない。

　世界的な水不足の最大の原因は、人口増加である。人口増加と人間の水利用の間には高い相関関係があり、途上国での人口増加はそのまま水不足につながる。また、気候変動も水不足のリスク要因となる。気候変動で気温や降雨量が変化すれば、既存の生態系やダムなどの社会インフラがその変化に対応できなくなる可能性がある。海面上昇が起これば、塩水侵入量の増加によって淡水の量が減っていくといわれる[55]。

　日本の家庭が 1 日 に使う水の量は 375 L で世界 3 位となっており、水をふんだんに利用できる水資源大国である。これに加えて、日本はバーチャル・ウォーター（仮想水）という形で大量の水を輸入している。バーチャル・ウォーターとは、農産物・畜産物を輸入している国（消費国）において、その輸入食料を自国生産すると仮定した場合にどの程度の水が必要かを推定するものである。日本の食料自給率は約 4 割であり、6 割超の食料を海外から輸入してきている。これらの食料を生産する際には、生産国において水を消費している。すなわち、その食料を生産する際に使用した水を仮想的に輸入しているという考え方になる。日本は穀物だけでなく、牛肉などの食肉を輸入しており、日本人が食料を食べれば食べるほど、バーチャル・ウォーターの輸入が増加することになる。家畜を育てる際には、穀物を育てるよりも多くの水を消費する。例えば、牛 1 kg を育てるのに必要な穀物は 11 kg であり、さらに餌となる 1 kg の穀物を生産するには灌漑用水として 1,800 L の水が必要となるため、すなわち牛肉 1 kg を生産するにはその約 20,000 倍 もの水が必要とされることになる[56]。

　バーチャル・ウォーターは主に食糧の観点から水の仮想輸入を換算する概念であるが、これと近い概念として、ウォーターフットプリントがある。これは原材料の栽培／生産、製造、輸送、消費、廃棄／リサイクルといった製品のライフサイクルにおける水資源利用を包括的に捉えるための定量的な評価手法であり、ライフサイクルアセスメント（LCA：Life Cycle Assessment）の一種である（「4.7.3 LCA の利用例」 参照）。

　日本人がバーチャル・ウォーターを含む水資源の利用を大量におこなってい

る一方で、世界では水不足に悩み、多くの子供たちが不衛生な水のために亡くなっているということに、企業は無関心でいることはできない。ただし、日本は食料輸入国であるという性質上、すぐにバーチャル・ウォーターを削減できるわけではない。企業としてできることは、現在使われている資源を有効活用するということになる。例えば、食品廃棄物となる余分な食料を減らすことができれば、サプライチェーンの川上の資源である海外での水使用量を減らすことができる。すなわち、廃棄物というサプライチェーンの川下の環境対策が水資源という最川上の環境保護につながる。また消費者としては、製品のバーチャル・ウォーターやウォーターフットプリントを知ることで、サプライチェーンの川上に配慮した製品を選べるようになる。極論として、菜食主義者であれば、ウォーターフットプリントの小さい生活をおこなうことができる。

③ 公害

　川中から川下における環境問題として、公害問題がある。公害問題は、前述の地球温暖化問題（大気問題）や循環型社会（ごみ問題）と重なる部分があるが、本節では公害問題をサプライチェーンにおける環境問題として取り扱う。

　公害問題は、企業が工場などの生産活動の中で排出する大気汚染物質や排水によって周辺環境を悪化させることで引き起こされる。また単に工場のみならず、自動車の排気ガスなどの消費者の活動も公害問題を引き起こす。廃棄物などを起因とする悪臭、機械の稼働にともなう騒音・振動なども地域での公害である。公害問題は戦後の経済発展の中で大きな社会問題となった。1950 年代から 1970 年代にかけては、環境問題といえば主に公害問題のことであった。この時期は、日本でも公害問題を規制する法律が整備されておらず、「1.3 環境問題の歴史における企業の位置づけ」に示すように、人の健康被害を直接的に引き起こすようなさまざまな公害問題が発生した。1967 年に公害対策基本法が施行され、現在では大気汚染防止法、水質汚濁防止法、騒音・振動規制法、悪臭防止法などの各種の法律や条例で対策が取られている。公害対策は、企業の社会的責任として最低限の取り組みである。企業としては各種の公害関連法令を遵守することで、周辺地域の環境悪化を防止することが必須となる。これに対応しない限り、企業が社会的に存在を認められることはない。

　地域における公害問題は、グローバルな環境問題の解決と相反するケースが出てくることがあり得る。例えば、地球温暖化問題の解決に寄与する再生可能エネルギーである太陽光発電、風力発電、地熱発電、バイオマス発電はいずれも地域住民にとって「迷惑施設」となる可能性があり得る。何も存在していなかった場所に何らかの周辺環境の改変をともなって設備を設置するためである。特に風力発電は騒音や景観の問題で地域住民の反対を受けるケースが散見されるようになってきている。地域住民の理解を得られなかった場合には、地域経済や社会的要請から必要なものであっても、自分の地域でその事業がおこなわれることには反対であるといういわゆる「NIMBY 問題」(Not In My Back Yard：ニンビー) が発生する。

　サプライチェーンの中では、生産国の工場における公害問題にも配慮していく必要がある。日本企業の多くは、アジア地域を中心とした海外に工場をもっている。海外の工場が公害を引き起こすことがあれば、日本から海外への公害輸出といわれる[57]。本来であれば日本で起きた公害が海外で起きた、という解釈によるものである。このような批判を避けるために、日本企業が海外へ進出する場合には、仮に現地の規制が緩かった場合でも日本の環境技術の移転という視点をもちつつ、十分な環境技術を導入することが望まれている。また自社の海外工場だけでなく、原料や材料を海外から調達する際に、海外サプライヤーが現地で公害問題を引き起こしていないことを確認していくことが企業の社会的責任として求められている。

④ 化学物質

　化学物質の管理は、サプライチェーンの川上から川下にかけて重要な環境課題となる。製造過程での化学物質の使用・排出の影響は、最終的に大気汚染や水質汚濁という形で現れる。これについては、既往の科学的知見を基に規制値が定められることで対策が取られている。近年課題となっているのは、製品そのものに含まれる化学物質に関する規制である。

　多様な性質と有用性をもつ各種の化学物質は日夜研究成果によって生み出され、人類の生活を支えている。一方で、環境、生物、人体への悪影響を与える化学物質もある。有用な化学物質であっても、人体に取り込まれると直接的な

健康被害を与え、病や死の原因となる化学物質は多い。少量であれば害がなくても、長時間人体が化学物質にさらされることや体内に取り込むことで長期的な健康被害を与える物質も多い。魚類など生態系への化学物質の蓄積で最も大きな影響を受けるのは、食物連鎖の最上位に位置する人類である。日々大量の化学物質が生み出される一方、人体や生態系への被害が明らかになるまでに時間がかかるケースもある。20 世紀半ばに世界に化学物質による環境破壊の問題提起をおこない世界的に大きな波紋を及ぼした書物として、Rachel Carson 著『Silent Spring（邦題：沈黙の春）』（1962 年）がある [58]。同書は、それまであまり知られていなかった農薬の残留性や生物濃縮がもたらす生態系への影響を明らかにすることで、その後の各国の化学物質規制に大きな影響を与えた。なお、同書への世界的な反響は、1970 年から始まった「アース・デー」の発端となり、それがまたストックホルム国連人間環境会議開催の契機となり、さらには国連環境計画（UNEP）の設立に結びついていった。

　化学物質による人体や環境への影響の不確実性に対応するため、各国は化学物質の管理・規制をおこなっている。代表的なものとしては、各国での PRTR 制度（Pollutant Release and Transfer Register）や、欧州連合（European Union：EU）の RoHS 指令（Restriction of Hazardous Substances）、WEEE 指令（Waste Electrical and Electronic Equipment Directive）、REACH 規制（Registration, Evaluation, Authorization and Restriction of Chemicals）などがある（制度の詳細は 「4.8.2 化学物質」 参照）。

1.3　環境問題の歴史における企業の位置づけ

　「1.2 企業活動による環境問題」 でみたように企業の環境問題は多様な側面をもっており、その歴史をみると、社会の変遷にともなって重視される環境問題は変化している。現代における企業と環境問題の関係を解釈するにあたっては、この変遷について理解しておく必要がある。ここでは日本の環境問題の歴史をひも解き、現代社会における企業の環境問題への意識の高まりに至るまでの経緯を俯瞰する。

1.3.1 環境問題の歴史

① 近代化による公害の始まりの時代（明治時代〜第二次世界大戦前）

　日本の歴史において環境問題への社会の認識は、明治維新以後の近代化にともない発生した公害問題に始まる[59],[60]。近代化にともなう環境問題として広く取り扱われる事象として、足尾銅山の鉱毒問題がある。

　足尾銅山鉱毒問題は、明治維新以後に欧米から取り入れた銅の生産技術の近代化にともなう環境問題である。足尾銅山は 1877 年に明治政府から民間に払い下げられ、銅山の組織的開発と技術革新により急速に生産量を増やした。一方、技術の近代化によって、銅の精錬時の燃料による排煙や、精製時に発生する鉱毒ガス（主成分は二酸化硫黄）、排水に含まれる鉱毒（主成分は銅イオンなどの金属イオン）にともなう公害が発生した。そもそも、当時は公害に対する意識が乏しく、企業がコストをかけて環境設備を導入するという発想は一般的ではなかった。鉱毒ガスやそれによる酸性雨により足尾町（当時）近辺の山は禿山となったといわれる。木を失い土壌を喪失した土地は次々と崩れていった。このような中、農民による反対運動が激化した。政治家の田中正造を中心として農民による陳情運動が実施されたものの、政府から足尾銅山の加害認定はされなかった。田中正造は 1901 年に明治天皇へ直訴をおこなうという当時としては過激な運動手法を取り、この問題は社会の耳目を集めた。ほかの企業はこのあと、公害を無視できなくなり、足尾銅山に続いて近代化が進行した別子銅山や日立鉱山などでは一定の公害対策が実施されるようになった。

　明治・大正時代を通して公害に対する認識の芽生えが起きたものの、1930 年代以降の軍国主義化によって、公害対策を唱えることができる社会風潮ではなくなった。特に軍需産業に関わる産業に抗議を唱えることは、非国民として弾圧の対象となった。第二次世界大戦前には、国家による企業優先の社会的風潮ができあがった。

② 戦後の公害拡大の時代（1950 年代～80 年代）

　第二次世界大戦直後においても戦前の社会的風潮を受けて、公害問題に関して政府は企業の側に立つというスタンスは変わらなかった。戦後しばらくは環境問題という概念はほぼ存在せず、復興と経済成長が優先されていたためである。むしろ、工場の煙は経済発展の象徴とみなされる時代であった。環境への意識が希薄であったことは、1946 年に制定された日本国憲法に環境に関連する概念が含まれていないことに端的に表れている。これは日本のみならず、欧米の産業国でも共通する風潮であった。工場から排出される排水や排ガスはいわば垂れ流しであった。工業用水は川に未処理で流されていたため、川から魚が消えた。1960 年代に入ると、高度経済成長期に入り、拠点主義工業化がおこなわれた。コンビナートを中心に重工業化がおこなわれ、周辺地域には深刻な大気汚染と水質汚濁を引き起こした [61], [62]。

　工場排水が深刻な健康被害を及ぼした公害としては、熊本県の水俣病、富山県のイタイイタイ病、新潟県の第二（新潟）水俣病が象徴的なものである。これに大気汚染の象徴である三重県の四日市ぜんそくを加え、四大公害といわれる。水俣病は熊本県の水俣湾で 1953 年頃から 1960 年頃にかけて被害が発生した公害である。原因はチッソ水俣工場の排水に含まれるメチル水銀による中毒性中枢神経系疾患である。工業排水を無処理で水俣湾に排出していたため、これに含まれていたメチル水銀が魚介類の食物連鎖によって生物濃縮した。魚介類が汚染されていると知らずに摂取した沿岸の住民の一部にメチル水銀中毒症がみられるようになった。体の中に入ったメチル水銀は、主に脳や神経を侵し、手足のしびれ、ふるえ、脱力、耳鳴り、視覚障害、聴覚障害、言語障害、動作障害などの症状が起こる。被認定被害者は最終的に約 3,000 人 にのぼった。当時は公害という認識がなかったため、当初は原因不明の奇病として扱われた。1963 年に熊本大学が水銀を水俣病の原因とする見解を出したものの、政府が発病と工場排水の因果関係を認め、工場が原因製品の生産を停止するには 1968 年までかかった。当時は公害に対する知見が蓄積されておらず、企業や政府の対応が遅れたために起こった悲劇であった。

　大気汚染による公害として代表的なものは、三重県四日市市周辺で発生した

四日市ぜんそくがある。1960 年頃から日本を代表する工業地帯である四日市コンビナートから発生する大気汚染によって引き起こされた、集団ぜんそく障害である。石油化学工業から排出される亜硫酸ガスによる大気汚染が原因で、被認定被害者数は計約 2,200 人 である。コンビナートの企業のうち、加害行為が立証されたのは化学系企業、石油系企業、火力発電所の計 6 社であった。大気汚染によるぜんそく被害は四日市だけでなく、川崎、尼崎、倉敷など、全国各地のコンビナートでも引き起こされた。

これらの公害の社会問題化を受けて、1970 年に政府に総理大臣を責任者とする公害対策本部が発足、1971 年に環境庁（2001 年から環境省）が発足し、国による環境政策が本格化した。その後、日本でも農薬や食品添加物という食材にも欠かせない化学物質にも警鐘が鳴らされるようになり、化学物質に対する人々の意識が高まった。1974 年に朝日新聞に連載された有吉佐和子の小説『複合汚染』は、環境汚染問題について警鐘を鳴らす作品として、社会反響をよんだ。農薬と化学肥料が農産物と生態系に与える悪影響、界面活性剤による人体や生態系への悪影響、食品添加物の危険性、自動車排気ガスの窒素酸化物の危険性、などが指摘された。公害問題と合わせて化学物質への社会的な認識の深まりにより、有機農業などの環境への負荷が少ない生産物が見直されるようになった。

③ 開発にともなう環境破壊への認識の時代（1990 年代）

企業の工場などによって引き起こされる公害による環境破壊への認識の高まりと相まって、国土の開発による環境破壊も社会的な関心をよぶようになった [63], [64]。日本では、1960 年代の高度経済成長期以降、ダム、高速道路、新幹線などの公共事業が地域開発の重要な手段となってきた。国内では津々浦々にわたり、国や地方自治体による大規模な公共事業がおこなわれるようになり、建設業が地方における主要産業となっていった。公共事業を用いた都市圏から地方圏への所得再分配は、地方経済を維持するために重要な社会システムであった。それは政権与党の自由民主党政権にとって、1955 年以来続く長期政権を支える強力な武器でもあった。

一方、大規模なダム開発、河川開発、山林を通る高速道路の整備などは、地

方の自然環境の改変をともなうものであった。1991 年からのバブル景気崩壊を端緒として、自民党長期政権の 55 年体制が崩壊し、自民党が分裂し政権与党から下野するという混沌とした政治状況になった。反自民党勢力が政策対立軸の 1 つとして掲げたのが、「無駄な公共事業の廃止」であった。

　同じ時期、メディアや市民運動という世論からも無駄な公共事業に反対する声が大きくなった。無駄な公共事業として扱われたダムの象徴的なものとして、諫早湾干拓（長崎県）、長良川河口堰（三重県）、川辺川ダム（熊本県）、八ッ場ダム（群馬県）などがある。このうち、長良川河口堰に対する反対運動は、地域住民や労働組合が中心となる従来型の社会運動ではなく、釣りや川のレジャー愛好家など従来型社会運動の担い手とは別の主体が、自然保護の観点から環境運動に参加するようになったところに特徴がある。

　公共事業が経済の核となる社会構造を支えてきたものが、政官財三位一体の政策システムである。自民党、省庁、財界（建設業界）が結びついて地方での公共事業を推し進め、自民党の集票システムを作り上げることによって自民党の長期政権を支えてきた。バブル景気崩壊による社会不安を受け、政官財三位一体を中心とする既存の政策システムに対する国民の異議が高まったことを契機として、1993 年に細川護熙内閣（日本新党などの連立政権）が成立し、38 年ぶりに自民党が政権から下野した。自民党もこのような政策システムを見直す必要性を認識し、1996 年に橋本龍太郎内閣が成立し再び自民党政権が復活すると、自民党自ら公共事業のあり方を見直す「橋本行政改革」がおこなわれた。橋本行政改革では、1996 年から 1998 年にかけて、行政の縦割りで重複する行政機能を整理するための省庁再編がおこなわれ、公共事業のあり方も再検討された。世論を受けて日本ではこれ以降大型ダムを新設できなくなり、1997 年にダム事業を 6 件中止、12 件休止、70 件凍結することが決定された。1990 年代までは、一度計画された公共事業は時間がかかっても中止されることがなかったが、その慣習が変更されたことになる。2002 年には長野県が「脱ダム宣言」を発するなど、地方自治体レベルでも脱ダムの動きが広がった。

　高度経済成長期以降、企業が主体の国土の開発も進んだ。特にバブル期においては、地方部の多くの地域でリゾート開発や宅地開発がおこなわれた。1987 年にリゾート産業の振興目的で「総合保養地域整備法」（リゾート法）が制定

されると、バブル景気とあいまって、全国で企業と地方自治体の官民連携によるリゾート開発が相次いだ。これに対して、環境保護の観点からリゾート開発やリゾート法に対する異議申し立てが市民から起こされるようになった。例えば1989年に北海道広島町でゴルフ場が使用する農薬が流出し、養殖魚9万尾が死滅するという事件が発生すると、全国でゴルフ場建設への反対運動が展開されるようになった。

　これらの過程の中で、大規模開発にともなう環境影響への配慮をおこなうプロセスを担保するため、1997年に「環境影響評価法」(環境アセスメント法)が制定された。環境影響評価法は、大規模公共事業など環境に大きな影響を及ぼすおそれのある事業について、事業者が環境への影響を予測評価する環境影響評価(環境アセスメント)の手続きを定めた法律である。また、環境運動をはじめとした市民運動の機運の高まりを受けて、1998年には「特定非営利活動促進法」(NPO法)が成立した。これにより、環境運動が市民権を得られるようになった。従来の市民運動様式である対峙型の活動だけでなく、建設的な観点からの地域に根差した環境活動も組織的におこなわれるようになり、行政・企業との協働型の活動も増加した。

④ 循環型社会に向けた時代 (1990年代前半〜2000年代前半)

　2000年に「循環型社会形成推進基本法」(循環基本法)が制定されることで、廃棄物を再利用する循環型社会の仕組みづくりが始まった。この年は循環型社会元年とされる。これにより、廃棄物が資源の1つとして位置づけられるようになり、企業も事業活動でのリサイクル体制構築を重視するようになった[31]。

　1960年代〜1970年代の高度経済成長期におけるごみ問題に対する政策は、ごみによる公害の防止と適正処理が主眼であった。ごみ問題を解決するために1970年に「廃棄物の処理及び清掃に関する法律」(廃棄物処理法)が制定された。廃棄物処理法では一般廃棄物は市町村が処理責任を有し、産業廃棄物については排出事業者(企業)が処理責任をもつことが規定された。合わせて、焼却施設や最終処分場などが整備されることで廃棄物が適正処理されるようになった。

　1980年代〜1990年代前半にかけて、バブル景気による消費増大や生産活動

の一層の拡大により、さらに廃棄物の排出量が増え続けた。また、大型化した家電製品など適正処理が困難な廃棄物の出現や、容器包装・ペットボトルの使用拡大など、廃棄物の種類が一層多様化した。廃棄物の急増により、未焼却の可燃ごみが直接埋立されることを防ぎ得ない状況となり、最終処分場への搬入量が増大した結果、既存の最終処分場がひっ迫することとなった。当時、一般廃棄物の最終処分場の残余年数は 10 年未満、産業廃棄物の最終処分場は 1～3 年というように最終処分場の容量のひっ迫が社会的な課題となった。加えて、最終処分場の新規建設が住民の反対運動で難しくなっていった。1990 年代には、各地で産業廃棄物の大規模不法投棄が社会問題となった。

　これらの問題の解決を図るため、廃棄物の排出量の抑制が求められるようになった。1991 年の廃棄物処理法の改正では、廃棄物の抑制と分別・再生（再資源化）が法律の目的に加わった。また同年成立の「資源の有効な利用の促進に関する法律」（資源有効利用促進法）においては、資源の有効利用を目指し、製品の設計・製造段階における環境への配慮や、事業者による自主回収・リサイクルシステムの構築のための規定が設けられた。さらに 2000 年には、大量生産・大量消費・大量廃棄型の社会システムから脱却し、3R（発生抑制（Reduce）、再使用（Reuse）、再生利用（Recycle））の実施と廃棄物の適正処理が確保される循環型社会の推進を目的として、循環型社会形成推進基本法が制定された。同法では、資源の循環利用と廃棄物処理についての優先順位（①発生抑制、②再使用、③再生利用、④熱回収、⑤適正処分）を法定化するなど、循環型社会の形成に向けた基本原則が示された。同法において策定が定められた「循環型社会形成推進基本計画」（循環基本計画）において、資源生産性（入口）、循環利用率（循環）、最終処分量（出口）の数値目標が掲げられたことにより、循環型社会の構築が企業、地方自治体、市民を巻き込んで本格的に進められるようになった。

　資源有効利用促進法と循環型社会形成推進基本法を受けて制定されたリサイクル関連法には、容器包装リサイクル法（1995 年）、家電リサイクル法（1998 年）、食品リサイクル法（2000 年）、建設リサイクル法（2000 年）、グリーン購入法（2000 年）、自動車リサイクル法（2002 年）、小型家電リサイクル法（2012 年）がある。これらの法体系の整備を受けて、企業はリサイクルに本格的に取

り組むようになった。生産工程から発生する廃棄物を再利用することはもとより、製品・サービスの設計段階から廃棄物の低減やリサイクルのしやすさの思想を組み込むことが企業の責務となった。制度設計によりリサイクル市場が創出されたことを受けて、廃棄物処理事業者によるリサイクル設備への投資が促進され、並行してリサイクル技術の開発が進むようになった。

⑤ 地球温暖化対策の時代（1997 年〜2010 年）

地球温暖化問題について日本社会で認知が高まったきっかけは、「第 3 回気候変動枠組条約締約国会議」（地球温暖化防止京都会議、または COP3）が1997 年に京都市で開かれたことである。京都会議で採択された京都議定書では、2008 年から 2012 年までの期間中に、先進国全体の温室効果ガスの合計排出量を 1990 年に比べて少なくとも 5 % 削減することが目標に定められた。日本は 1990 年比で温室効果ガスを 6 % 削減することを目標とし、2002 年に条約を批准した。これにより、社会全体で 2008 年に向けた地球温暖化対策の取り組みが進められることとなった。

日本政府は 2005 年に「京都議定書目標達成計画」を策定し、具体的な政策を実施した。この計画では、温室効果ガスごとの対策・施策、横断的施策（経済的手法などのポリシーミックスの活用、ライフスタイルの見直し、排出量の算定・報告・公表制度、事業活動における環境配慮、国民運動の展開など）、基盤的施策（排出量・吸収量の算定体制の整備、技術開発、研究の推進、国際協力の推進体制など）、という 3 つの施策が決められた。企業に対しては、自主的な取り組みという形で温室効果ガス削減を促した。日本経済団体連合会（経団連）傘下の企業に対して、温室効果ガス削減の「自主行動計画」を設定させることで、業界ごとに温室効果ガス削減の取り組みを求めた。個別企業に対しては「地球温暖化対策の推進に関する法律」（地球温暖化対策推進法：温対法）を 1998 年に制定し、温室効果ガスを多量に排出する排出事業者に対し、排出量を算定して国に報告することを義務付け、企業の取り組みを評価できるようにした。また、1979 年より存在していた「エネルギーの使用の合理化に関する法律」（省エネルギー法）を 1998 年以降数度にわたって改正し、エネルギーを消費する企業に省エネ対策を促した。一方、市民に対しては、啓発という形で

地球温暖化防止に配慮した行動を促した。日本政府が 2005〜2009 年に主導した啓発プロジェクトである「チーム・マイナス 6 ％」では、冷暖房の温度設定（冷房は 28 ℃、暖房は 20 ℃）、節水、アイドリングストップ、エコ製品使用、過剰包装防止、節電という観点で、市民に行動の変化を求めた。夏場にノーネクタイで勤務するクール・ビズもこの中で生まれた習慣である。

京都議定書は、その後 2015 年の COP21 において採択された「パリ協定」に引き継がれた。パリ協定では、先進国だけでなく新興国・途上国にも温室効果ガス削減が義務付けられることで、全世界が一致して地球温暖化防止という目標に向かうことになった。企業はこの枠組みを意識しながら地球温暖化対策に取り組んでいる。

⑥ 再生可能エネルギー拡大の時代（2011 年〜現在）

地球温暖化対策と再生可能エネルギーの拡大は表裏一体である。2011 年の東日本大震災以降、日本では再生可能エネルギーの導入促進が国家的な目標となった。国内的な理由としては、福島第一原子力発電所の事故の影響で、日本で地球温暖化対策の切り札と考えられてきた原子力発電が元通りに再稼働する見通しが立たなくなったことがある。それ以上に国際的な理由として、世界では化石燃料の火力発電から再生可能エネルギーへのエネルギーシフトが急速に起きていたことがある。

21 世紀に入り世界各国では日本より先行して「再生可能エネルギー固定価格買取制度」（Feed in Tariff：FIT 制度）を導入し、再生可能エネルギーが導入期に突入していたが、日本では 2011 年以前は再生可能エネルギーに冷淡であった。これは、日本が 3 大原子力発電メーカーを擁する原子力発電のリーダーだったことが背景にある[65], [66]。2011 年時点における世界の原子力発電市場は、「東芝・ウェスチングハウス」「日立・GE」「三菱重工・アレバ」の、日本企業が中心となった 3 連合で世界の 7 割のシェアを占めていた。原子力発電は受注額が数兆円規模と莫大なため、日本政府も外交の場で原子力発電技術の売り込みをおこなうなど、基幹産業として後押しをしていた。国内における原子力発電所の立地は電源三法（「電源開発促進税法」「電源開発促進対策特別会計法」「発電用施設周辺地域整備法」）などにより、政策的支援がおこなわ

れていた。大規模太陽光発電や大規模風力発電（数 MW〜数十 MW）と比べて、原子力発電は 1 基で 1,000 MW 規模と発電量に大きな差があるため、原子力発電が安定稼働している限りはあえて再生可能エネルギーを増やすインセンティブがなかった。CO_2 を出さない「クリーンな電源」で、なおかつ火力発電や再生可能エネルギーに比べて「低コストな電源」であるとされた原子力発電の推進は、自民党政権のみならず民主党政権下でも変わらなかった。再生可能エネルギーの普及は、電力会社に一定割合の再生可能エネルギーの利用を義務付ける「電気事業者による新エネルギー等の利用に関する特別措置法」）（RPS法）が担っていた。ただし、2003 年の制度開始から 7 年経過した 2010 年度の時点でも、RPS 法が普及に貢献した再生可能エネルギー発電は、総発電量の1 % 程度であった。太陽光発電や風力発電といった再生可能エネルギーは、発電コストが高くなおかつ電力系統を不安定化させる電源とされ、その割合は非常に限られていた。

　この流れを変えた日本のエネルギー政策の転換点が、2011 年 3 月 11 日の東日本大震災と福島第一原子力発電所の事故である。同事故は、原子力発電は放射能を放出する「クリーンでない」電力であり、なおかつ放射性廃棄物、廃炉コスト、および万が一の事故の際の社会的損失を加味すると「低コストでない」エネルギーであることを露呈させた。一番大きなコストは安全性である。ひとたび事故が起きれば、周辺地域には数十年間にわたって人が住めなくなる。同事故によって、一気に国内の世論は「脱原発」に向くことになった。地球温暖化対策のために原子力発電所を用いることができなければ、再生可能エネルギーを導入するしかない。FIT 制度は、福島第一原発事故後の混乱の最中の 2011 年 8 月、民主党の菅直人首相が自らの退陣と引き換えに「電気事業者による再生可能エネルギー電気の調達に関する特別措置法」（再生可能エネルギー特別措置法、または FIT 法）を成立させたことで開始された。

　FIT 制度は再生可能エネルギーの売電価格を 20 年間の長期にわたって固定する制度であるため、発電事業者は収益の計画を立てやすくなり、再生可能エネルギー事業がビジネスとして成立しやすくなった。大規模太陽光発電（メガソーラー）をはじめとした再生可能エネルギー事業に資金が流れ込むことになり、急速に再生可能エネルギー拡大が進むようになった。また、大規模な発電

1

企業と地球環境問題

事業だけではなく、小型の発電所が全国各地に分散して存在するようになった（詳細は　「4.5 再生可能エネルギー」　参照）。

　脱原発とそれにともなう再生可能エネルギーの急拡大は、エネルギーシステム自体の改革を促した。さまざまな企業が事業主体となり投資をおこなう小規模分散型の再生可能エネルギーが拡大していけば、それまでの原子力発電や大型火力発電を前提とした大規模集中型のエネルギーシステムとの整合が取れなくなる。これにより、それまで地域ごとに電力網を支配していた一般電気事業者（北海道電力・東北電力・東京電力・北陸電力・中部電力・関西電力・中国電力・四国電力・九州電力・沖縄電力の 10 社）から電力システムが開放される必要性が高まり、電力システム改革がおこなわれた。電力システム改革は、2014 年の電力広域的運営推進機関設立、2016 年の電気の小売全面自由化、2020 年の送配電部門の法的分離の 3 段階からなる。これにより、発電、送電、小売まで一括して事業をおこなっていた一般電気事業者は分割され、新規の独立系発電事業者（Independent Power Producer：IPP）や小売電気事業者の参入が促進される環境ができあがった。地域主体の電力会社やベンチャー企業が参入しやすくなり、多数の IPP が設立されるようになった。小売でも多様な業種が参入し、ガスや携帯電話とのセット料金など、さまざまなサービスが生まれるようになった。

⑦ SDGs ／ GX の時代（現在〜）

　現在、環境問題解決への対応が新たな市場を創出するという社会経済のパラダイムシフトが起きている[67]。脱炭素による社会変革の動きを表す言葉として、「グリーントランスフォーメーション」（GX）という言葉が使われるようになっている。象徴的な動きが、日本政府が 2020 年に策定した『カーボンニュートラルに伴うグリーン成長戦略』（グリーン成長戦略）である。2020 年 10 月、日本政府は、2030 年の温室効果ガスを 2013 年比で 46％ 削減し、2050 年に温室効果ガス排出量を実質ゼロ（カーボンニュートラル）とする目標を掲げた。同戦略はこれを具現化するため、地球温暖化対策を経済成長の機会ととらえ、環境産業を産業政策の中心に位置づける目的で策定された。この戦略を実現することで、2030 年で年額 90 兆円、2050 年で年額 190 兆円程度の経済効果が見

込まれるとしている。日本に先駆け、海外でも環境産業が経済成長の柱として
位置づけられるようになっている。EU は、新型コロナウィルス（COVID–19）
による世界的景気後退からの V 字回復を、環境産業の振興によって成し遂げ
ようというグリーン・リカバリーという経済政策を打ち出した。グリーン・リ
カバリーに用いられる欧州復興資金は、総額で 7,500 億ユーロ にのぼる。ア
メリカでも、2021 年に政権交代したジョー・バイデン大統領が環境インフラ
に 4 年間で 2 兆ドル を投じる計画を掲げた。これらの政策誘導を受けて環境
産業が世界で伸張していくことが期待されているため、企業にとって環境産業
はフロンティアとなっている。

　SDGs に関わる市場も、企業にとってはフロンティアとなる。SDGs で掲げ
られたグローバル目標とターゲットは、世界がどのような社会を目指していく
かの道筋を示している。解決すべき課題があるところにはビジネスチャンスが
存在している。SDGs においては環境問題の解決が大きなウェイトを占めてお
り、各ターゲットでは具体的に解決すべき環境問題が特定されているため、企
業は製品・サービスにおける環境配慮の方向性を見出すことができる。企業は
自社の環境負荷を下げる取り組みのみでなく、社会全体の環境負荷を低減させ
るための技術やサービスの開発に積極的に取り組むようになっている。さらに
は環境問題以外の貧困、福祉、教育といった特に途上国における社会問題の解
決にもフロンティアが広がっている。SDGs のキーワードのもとでは、国家や
国際機関のみでなく企業もこれらの社会問題解決の主体となることが期待され
ており、さらに将来は途上国が成長市場となることが想定されるためである。

　現在は、第四次産業革命の時代といわれる。第四次産業革命を特徴づけるの
は、IoT、AI、ビッグデータなどである [68]。これに合わせて、再生可能エネ
ルギー、遺伝子配列解析、ナノテクノロジー、量子コンピューター、ブロック
チェーン、3D プリンター、ロボット、自動運転車などのあらゆるテクノロジー
でブレイクスルーが起きている。第四次産業革命によって政治的・経済的・社
会的モデルが変容し、分散化した権力体系に移行するとされる。再生可能エネ
ルギーもこの動きの中に位置づけられる。第四次産業革命の技術は生産と消費
を同時におこなう「プロシューマー」（生産消費者）を増加させる。プロシュー
マーとは、生産者（Producer）と消費者（Consumer）を同時におこなう消費

者のことであり、もともとはサービスや製造の観点から社会の遷移を分析する中で定義づけられた言葉である[69]。住宅や事業所などで導入される太陽光発電などの自家発電設備は、エネルギーを生産消費するエネルギープロシューマーを大量に生み出す。将来的には売買電についての ICT 技術や制度設計が整備されれば、エネルギープロシューマー同士の電力の取引が可能になると見込まれる。再生可能エネルギーのこのような特徴を受け、エネルギーはいわば「中央集権型」から「民主主義的な分散型」に移行していくことになる[70]。

　環境の観点からみた日本の未来社会の方向性については、第 5 章「未来社会への視点」 の主題とする。

1.3.2　環境問題の主体の変化

　前項で示した環境問題の歴史の中での企業の位置づけを整理すると、図 1.2のようなフェーズにわかれる。

① 第 1 段階：企業が環境破壊の主体

　「近代化による公害の始まりの時代（明治時代〜第二次世界大戦前）」「戦後の公害拡大の時代（1950 年代〜80 年代）」においては、企業が環境問題を引き起こす主体となっていた。高度経済成長期に入り、公害が深刻な社会問題となるまでは、環境が貴重な社会資源であるという概念そのものが希薄であった。企業にとって、環境問題の解決は余計なコストであるという認識であり、法規制がなされない限りは対処がおこなわれなかった。国民の公害問題への懸念の高まりや訴訟の増加を受けて、企業に対して公害問題への対処を求める法規制が整備されていったが、企業は必要最低限のコストを支払い、規制をクリアするということが主な環境対策であった。

② 第 2 段階：企業だけでなく行政も環境破壊の主体

　「開発にともなう環境破壊への認識の時代（1990 年代）」においては、企業だけでなく、行政も環境問題の主体であると認識された。大規模公共事業による国土開発が、自然環境の破壊につながるとの認識が広がった。この時期には、

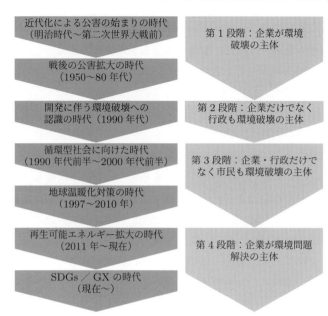

図 1.2　環境問題の歴史と企業の位置づけ

ダム問題をはじめとして行政による環境破壊に対する異議申し立てが広がった。またバブル期にかけて、多くの地域で官民連携によるリゾート開発や宅地開発が進み、一部は環境破壊につながるものとして住民からの反対を受けるケースも起きた。

　これらの動きを受けて、開発の計画段階において環境配慮を担保する仕組みである環境影響評価法が 1997 年に制定された。このあとの大規模開発では、行政、企業を問わず、第三者のチェックを受ける環境影響評価を実施することが必須となった。

　この段階は第一段階と同様、企業はまだ環境破壊を引き起こす主体という位置づけであった。

③ 第 3 段階：企業・行政だけでなく市民も環境破壊の主体

　「循環型社会に向けた時代（1990 年代前半～2000 年代前半）」「地球温暖化対策の時代（1997 年～2010 年）」においては、企業だけでなく、一般の市民も環境問題の主体であり、環境問題の解決のためには市民（消費者）も自ら環境に配慮した行動を起こす必要があることが認識された。循環型社会や地球温暖化の問題では、公害問題のような企業対被害者という対立軸が成り立ちにくくなった。例えば、家庭ごみの問題を解決するためには、市民は自らごみを減らす努力やごみ分別をおこなう必要がある。また、レジ袋を使わずエコバックを使うなどの取り組みもわかりやすい行動変化である。地球温暖化対策のためには、家庭での省エネ行動が有効である。環境配慮型製品を購入することで、市民はサプライチェーンにおける環境問題解決に貢献できる。

　この頃から、リサイクルや地球温暖化対策に関するメディア、行政、または企業からの情報提供や啓発活動が増え、市民の環境配慮型の行動が定着することとなった。この段階では、企業は環境問題解決に関する啓発の主体ともなっている。自社の製品・サービスが環境に配慮していることを広告などで PR することで、市民が環境配慮のために望ましい行動様式を知ることになり、結果として市民の啓発につながるというサイクルが起こるようになった。

　第 1 段階や第 2 段階とは違い、企業は単純に環境問題を引き起こす主体という位置づけだけではなく、市民の環境配慮志向を具現化する主体としての役割をもつ位置づけとなった。2000 年代に入ると、企業は CSR を意識して事業活動をおこなうことが一般的となった。

④ 第 4 段階：企業が環境問題解決の主体

　「再生可能エネルギー拡大の時代（2011 年～現在）」「SDGs ／ GX の時代（現在～）」においては、企業は積極的に環境問題解決の主体となることが求められるようになっている。企業は、投資、技術開発、製品・サービスなどを通じて環境問題解決の主役となる。積極的に行政などと協力して、新たな社会システムを構築する役割も担うようになる。エネルギー問題であれば、企業の投資によって発電方式が化石燃料から再生可能エネルギーに転換されていく。技

術開発であれば、新たな再生可能エネルギー技術・省エネ技術・リサイクル技術などの開発で、社会全体の環境負荷を低減させることに貢献する。

また、企業は新たな環境配慮型のサービスの普及で、社会の環境負荷低減に貢献できる。例えばカーシェアリングのように他者とモノを共有するシェアリングエコノミーは、社会全体の資源利用の効率性を向上させることができる。ICT の分野では、例えばリモートワーキングを容易にするシステムが普及することで、社会全体の移動に関わる環境負荷を低減させることができる。これらの最新技術や仕組みを取り入れながら環境負荷の低い「スマート」な社会を構築していくために、企業・行政・市民などがそれぞれの立場で役割を果たしていくようになる。

この段階では、企業には環境問題解決のソリューションを社会に提示するという積極的な役割が求められるようになっている。2015 年以降に企業が意識するようになった SDGs もこの動きを促進している。

1.4 環境問題に関する企業の意識

企業は 21 世紀に入り、環境問題解決の主体としての認識をもち、自らの事業に環境配慮の観点を取り込もうとしている。特に大企業は環境問題への関心度が高く行動を実行しているケースが多い。

環境省が毎年実施していた『環境にやさしい企業行動調査』をみると、企業の環境に関する意識がわかる。2018 年度調査（回答：1,215 社）において、環境配慮経営を「企業の社会的責任（CSR）の 1 つである」と位置付けている企業が 58.2％、「重要なビジネス戦略の 1 つである」と位置付けている企業が 19.8％ となっている[71]。環境課題のうち「資源・エネルギーの効率的な利用」「廃棄物の適正利用・リサイクル」については、約 8 割の企業が重要であると考えている。環境ビジネスをおこなっている上場企業が 55.7％、非上場企業が 26.1％ となっている。なお、調査が始まった 1996 年度時点で環境ビジネスをおこなっている上場企業は 30.8％、非上場企業が 10.5％ であったため、社会の環境問題への関心の高まりと合わせて、多くの企業が新たに環境ビジネスに乗り出すようになっていることがわかる[72]。

43

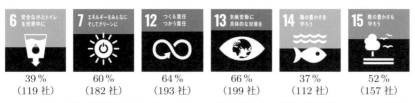

39 %　　60 %　　64 %　　66 %　　37 %　　52 %
（119 社）（182 社）（193 社）（199 社）（112 社）（157 社）

出典：『企業行動憲章に関するアンケート調査結果』（日本経済団体連合会、2018）より作成

図 1.3　環境に関わる SDGs の目標に取り組む企業の割合

　日本経済団体連合会（経団連）が会員企業（回答：302 社）に実施した『企業行動憲章に関するアンケート調査結果』（2018 年）によると、9 割の企業が「環境問題への取り組み」を実施している[73]。環境に関わる SDGs の目標に取り組む企業の割合はそれぞれ、図 1.3 に示したとおりである。日経リサーチの『SDGs 経営調査』（2020 年）によると、SDGs と事業の関連について、上場企業の 68 % が「事業へ SDGs への貢献を組み込んでいる」と回答している[74]。富士通総研（2019 年）の調べによると、大企業のうち 8 割以上が SDGs について何らかの取り組みをおこなっており、この割合は年々増加している[75]。

　これらの調査からわかるように、今や多くの企業が環境問題に関心をもち、実際に環境問題解決に取り組んでいる。特に大企業には、高度経済成長期には公害問題を引き起こしてきたような企業も含まれている。そのような企業であればなおさら、現在では環境問題に高い関心をもってその解決に取り組んでいるともいえる。

1.5　本章のまとめ

　「持続可能な開発」の概念を具体的な行動に落とした目標が、「持続可能な開発目標」（Sustainable Development Goals: SDGs）というキーワードである。多くの企業にとって、SDGs は具体的な行動指針として活用されるようになってきている。

主な地球環境問題には、地球温暖化（気候変動）、天然資源枯渇、廃棄物、水資源の汚染／枯渇、生物多様性喪失、化学物質、大気汚染、オゾン層破壊、海洋生物乱獲、森林破壊、などがある。これらは企業の観点からは、「地球温暖化と気候変動」「循環型社会」「サプライチェーンを通した環境影響」という大きく3つの主題に分類できる。

1

企業と地球環境問題

演習1

自らの環境問題への視座を確認するために、環境問題への自分の関心を整理しなさい。
どのような環境問題に関心があるのか、なぜその環境問題に関心があるのか、それに対して具体的に行動していることはあるのか、などを視点とすること。

演習2

参考文献などを参考にし、国連が掲げる SDGs のグローバル目標とターゲットの内容を確認しなさい。
その上で、SDGs のそれぞれの項目について、企業がビジネスとして取り組める分野にはどのようなものがあるのかを考えなさい。

演習3

特定の企業を選び、その企業が過去にどのような環境問題を引き起こしてきたのかを調べなさい。

本章では、企業が環境対応を事業戦略に組み込む際の考え方の枠組みを提示する。

2.1　環境戦略につながるキーワード

本節では、企業の環境戦略につながる代表的なキーワードについて述べる。いずれも持続可能性への配慮という観点から SDGs と近しい概念であり、企業に環境などの社会問題への積極的な対応を求めるものである。

2.1.1　企業の社会的責任（CSR）

「企業の社会的責任」（Corporate Social Responsibility：CSR）とは、企業が自社の利益を追求するだけでなく、自らの活動が社会へ与える影響に責任をもち、ステークホルダー（消費者、取引先、投資家など）の要求に対して適切な意思決定をする、という概念である。CSR は環境に限ったものではなく、人権、労働環境、コンプライアンスといった概念まで含むが、環境問題への取り組みはその中でも重要な要素となっている。CSR に関する取り組みは、CSR レポートやサステナビリティレポートなどで、対外的に公表されることが多い。

CSR の基本的尺度となるのがトリプルボトムラインという考え方である。トリプルボトムラインとは、企業活動においては経済、社会、環境の 3 つの側面を考慮することが重要とする考え方である。CSR という言葉は、社会貢献活動やフィランソロピーなどと混同されがちであるが、それらの活動が利益の一部を寄付するなどで社会貢献をおこなうことを想定しているのに対して、CSR は本業を通じて社会的責任を果たすという意味で経営の根幹に根差した概念である。社会貢献活動やフィランソロピーは、CSR に関わる活動の一部ということになる。企業戦略を考える上で、CSR に取り組む意義としては、

表 2.1　企業が CSR に取り組む意義

対象	競争優位性
顧客	• 新規顧客の開拓：製品にプレミアムをつける、途上国などの将来市場の開拓、ブランドイメージの確立、新しい製品・サービスの開発 • 既存顧客の維持：ロイヤリティ向上
従業員	• 社員活性化：求心力向上、従業員教育 • 雇用の維持：社員のロイヤリティ向上 • 優秀な人材の採用：労働市場におけるレピュテーション向上
株主・投資家	• 新規株主の開拓：ESG 投資 • 株の長期保有の促進：株主のロイヤリティ向上
取引先	• リスクに強いサプライチェーンの構築：安全・品質の担保 • 取引上の優位：競合との差別化 • 長期的な信頼関係の構築：取引先の信頼性向上
地域社会	• 事業の円滑な推進：工場や拠点がある地域社会との良好な関係の構築 • 地域経済活性化：将来のマーケット開拓の基盤づくり • ファンの拡大・ブランド形成：地域における自社の認知度、共感度、ステータスの確立

表 2.1 のようなものがある [76]。戦略的に CSR に取り組むことで、顧客、従業員、株主・投資家、取引先、地域社会などの観点から、競争優位を狙うことができる。

　CSR は企業のボランタリーな取り組みであり、その内容は企業の任意であるが、国際的な基準としては ISO26000（社会的責任のガイダンス規格）がある。これは、企業が社会的責任を実現するための推奨事項を提供する手引書として、2010 年に策定されたものである。同規格では、社会的責任における 7 つの中核主題が設定されている。組織統治、人権、労働慣行、環境、公正な事業慣行、消費者課題、コミュニティへの参画及びコミュニティの発展、が 7 つの中核課題である。それぞれの中核課題に対して複数の課題が設定されている。特に、環境については、汚染の予防、持続可能な資源の利用、気候変動の緩和及び気候変動への適応、環境保護・生物多様性・自然生息地の回復、の 4 項目の課題が挙げられている [77]。

　サステナビリティに関する国際基準の策定を目的とする NGO である GRI（Global Reporting Initiative）は、UNEP の公認団体として 2000 年からサ

ステナビリティレポートに関する世界共通のガイドラインを策定し、社会の動向に合わせて改訂を重ねている。『GRI スタンダード 2016』においては、経済、社会、環境の 3 つのカテゴリに対する基準を設定している。環境に関する基準では、原材料、エネルギー、水と排水、生物多様性、大気への排出、排水及び廃棄物、環境コンプライアンス、サプライヤーの環境面のアセスメント、の 8 つの項目が挙げられている[78]。

　企業はこれらの規格やガイドラインなどを参考にしながら CSR に関する取り組みを実施し、それを振り返りながらレポートとして外部に公表する。日本では多くの企業が、CSR を考慮した事業活動をおこなっている。その活動については、例えば大企業の 99 ％ が CSR リポート、サステナビリティレポート、環境レポートなどの形で公表している[79]。また近年では、統合報告書という形で CSR やサステナビリティに関する企業活動を公表する企業が増えている。統合報告書とは、財務情報とともに経営戦略や社会貢献などの非財務情報まで幅広くまとめた報告書であり、後述の ESG（Environment、Social、Governance）への取り組みをアピールし、投資家との対話を進めるうえで有効なツールとして注目されている（詳細は 「4.9 環境コミュニケーション」参照）。

2.1.2　共通価値の創造（CSV）

　CSR と近い言葉に、CSV（Creating Shared Value：共通価値の創造）という概念がある。CSV とは、企業戦略の中核に社会的価値の実現を盛り込むという概念であり、経営戦略論の大家である Michael E. Porter の論文『Creating Shared Value』（2011 年）で提唱された[80]。

　CSV は、「企業が事業を営む地域社会の経済条件や社会状況を改善しながら、みずからの競争力を高める方針とその実行」と定義づけられている。企業が独自の資源や専門性を活用して社会問題に取り組むことで社会的価値を創造し、その結果、経済的価値が創造されるというアプローチである。この概念では、コスト対比での価値を重視するというビジネス本来の原則のうえで、社会と経済双方の発展を実現する、という前提が置かれている。従来の CSR は主

表 2.2　CSR と CSV の違い

CSR	CSV
価値：善行	価値：コストと比較した経済的便益と社会的便益
シチズンシップ、フィランソロピー、持続可能性	企業と地域社会が共同で価値を創出
行動：任意、あるいは外圧によって	行動：競争に不可欠
利益：最大化とは別物	利益：最大化に不可欠
テーマ：外部の報告書や個人の嗜好により決定	テーマ：企業ごとに異なり、内発的
企業の業績や CSR 予算の制限を受ける	企業の予算全体を再編成する

出典：『Creating Shared Value. How to Reinvent Capitalism — And Unleash a Wave of Innovation and Growth』（M. E. Porter、2011 年）

に社会的な評判を重視したもので、本業との関わりの範囲が限られておりいわば必要経費の扱いであったため、これを長期的に正当化し継続するのが難しいという課題があった。これに対して CSV は、企業の収益性や競争上のポジションと不可分であるとされる。CSV の概念で自社事業を見直すことにより、人々のニーズ、新市場、社会的コスト、そしてこれらに取り組むことで得られる競争優位性を明らかにできる。Porter は、CSV の実現に向けた 3 つの方法を挙げている。社会的ニーズにより製品と市場を見直す、バリューチェーンの生産性を再定義する、企業が拠点を置く地域を支援する産業クラスターを作る、というものである。

　Porter が整理している CSR と CSV の違いを 表 2.2 に挙げる。従来の CSR は主に企業倫理の観点からの行動が考えられていたのに対して、CSV では社会問題の解決をビジネスチャンスと捉えているというところに特徴がある。近年における企業の SDGs への取り組みなどにおいては、CSR 的な観点に加えて、SDGs が新たな市場を開拓するという CSV 的な観点が意識される傾向にある。

2.1.3 環境、社会、ガバナンス（ESG）

ESG とは、環境（Environment）、社会（Social）、企業統治（Governance）の頭文字を取って作られた言葉である。特に投資家の間で使われる言葉であり、CSR に近い概念である。ESG と SDGs は表裏一体の関係にあり、SDGs が持続可能な社会を目指すゴールであるのに対して、ESG はそのゴールに到る評価基準であるという関係にある。環境、社会、企業統治に配慮している企業を重視・選別しておこなう投資のことを ESG 投資という。企業は投資家から、サステナビリティに配慮した企業活動を求められるようになっている。気候変動や資源循環などの環境問題や、人権などの社会問題に対する企業の対応が中長期的に企業価値に影響を与え、それが投資家の運用結果にも影響を与えるというサイクルが起こっていることが、この概念が普及している背景にある[81], [82]。

ESG 評価の高い企業は事業の社会的意義や成長の持続性など、優れた企業特性をもつと投資家や金融機関からみなされるようになる。企業の CSR ／ ESG を投資に組み込む考え方は、これまでも一部の投資信託などにおいて社会的責任投資（Socially Responsible Investment：SRI）という形で、反社会的活動をしている企業を投資対象から外すなどのスクリーニングの基準に反映されてきた。SRI と ESG 投資は類似した概念であるが、ESG 投資は中長期的な投資パフォーマンスを求めておこなわれる側面が強い。また ESG 投資は、一部でなくすべての企業を対象としており、実際に ESG を投資基準としている投資家が圧倒的に多いところに特徴がある。投資家との関係構築（Investor Relations：IR）の現場で重要な取り組みとなっているため、経営陣の関心が急速に高まっている。ESG 投資が一般的でなかった時代には、CSR ／ ESG は CSR 担当部署による一活動として位置づけられることが多かったが、現在では ESG に対して IR、広報、CSR、環境、経営企画などの部門横断の連携による総合的な対応が求められるようになっている。

ESG 投資は、2006 年に国連において提唱された責任投資原則（Principles for Responsible Investment：PRI）によって普及が始まった。PRI では、「投

資分析と意思決定のプロセスに ESG 課題を組み込む」「投資対象の企業に対して ESG 課題についての適切な開示を求める」など、6 つの原則が掲げられている。2020 年時点で世界の投資額の 35.9％（約 35.3 兆ドル）が ESG 投資となっている[83]。このうち、日本での ESG 投資は約 2.9 兆ドルであり、2016 年（約 0.5 兆ドル）から 2020 年の 4 年間で 6 倍へと規模が急激に膨らんでいる。ESG が企業価値にポジティブな影響を与えるというコンセンサスは投資家の間でできあがりつつある。例えば、Gordon L. Clark らのレポート[84]では、ESG と企業価値との関連性に関する 200 件以上の論文・業界レポートなどを整理し、ESG と企業価値に高い正の相関があることを明らかにしている。日本経済新聞社の『SDGs 経営調査』（2019 年）によると、SDGs に積極的に取り組んでいる企業ほど株価時価総額が伸びている[85]。

　ESG 投資は、企業に行動の変革を促している。企業は投資家からの資金提供を受けられない限り、事業活動を継続できないからである。例えば、地球温暖化の大きな原因となっている石炭火力発電に対し、投資家や金融機関が ESG の観点から投融資を取りやめる動きが相次いでいる。東日本大震災の後に原子力発電が停止した日本では低コストな電源として石炭火力発電の新規事業開発が拡大する傾向にあったが、この動きを受けて日本企業は石炭火力発電から次々に撤退している。

　ESG 投資の隆盛によって、企業は投資家からサステナビリティに関しての情報開示をより強く求められるようになっている。国際組織の金融安定理事会（Financial Stability Board：FSB）により設置された気候変動関連財務情報開示タスクフォース（Task Force on Climate-related Financial Disclosures：TCFD）の提言（2017 年）では、企業に対し、気候変動リスクに関するガバナンス、戦略、リスク管理、指標／目標を開示することを推奨している[86]。TCFD 提言を実務に用いるための基準として、サステナビリティ会計基準審議会（Sustainability Accounting Standards Board：SASB）による「SASB サステナビリティ基準（SASB スタンダード）」や、気候変動開示基準委員会（Climate Disclosure Standards Board：CDSB）による「CDSB フレームワーク（気候変動報告フレームワーク）」、CDP（旧名称：Carbon Disclosure Project）による温室効果ガス対策の開示基準、などがある。サステナビリティ

に関してさまざまな報告の基準ができており、多くの企業ではすべてに対応できないことが実情であると考えられる。本質的な論点は、報告の内容やスタンダードへの適合のいかんに関わらず、企業は事業活動の中で ESG に適合した行動をおこなうことが求められるようになっていることである。

2.2　環境戦略の考え方

現在では環境問題への対応は、企業戦略の重要な要素となっている。環境問題への適切な対応は、競争優位性につなげることができるためである。本節では、企業の環境戦略の考え方について述べる。

2.2.1　環境への取り組み手段

企業による環境への取り組み手段は、以下のように分類できる。企業は、自社の製品・サービスの特徴に合わせて、これらの取り組みをおこなう。それぞれの取り組み方法については、第 4 章「環境問題解決の手法」および 第 5 章「未来社会への視点」で詳述する。

① 事業活動における自らの環境負荷削減

事業所や工場における公害対策、リサイクル、再エネ自家発電、省エネなどの取り組みがある。各種の法規制を守ることは当然のことであるが、これらに積極的に取り組むことは、余分な資源やエネルギーのコスト削減に直結する。

② 環境負荷の低い製品・サービスの提供

業種によって、多種多様な方法がある。製造業では、ライフサイクルアセスメント（LCA）を実施し、ライフサイクル全体で環境負荷の低い製品を開発する方法がある。また、サプライチェーン全体において環境配慮をおこなった製品・サービスを提供し、さらにエコラベルを貼付して競合他社と差別化を図る方法などがある。

③ 環境事業への投資・運営

　再生可能エネルギーやリサイクルなどの環境事業に投資する方法である。日本では FIT 制度が開始されて以降、多様な業種が再生可能エネルギー事業へ投資・運営するようになった。自社事業としてこれらの事業を運営する以外に、ESG 投資を通じた関わり方もある。

④ 環境技術の開発

　主に製造業や研究機関などが取り組む手段である。自社の技術を環境の観点から見直すことで、新たな技術開発のシーズがみつかるケースも多い。日本政府は、各種のロードマップなどで環境技術開発の方向性を示しており、また補助金などで技術開発の支援をおこなっている。

2.2.2　環境戦略で得られる競争優位性

　企業戦略に環境問題への対応を織り込むことで得られる競争優位性には、「収益機会の獲得」「コスト・リスクのコントロール」「レピュテーション・ブランド価値の向上」がある [7]。近年では環境産業の拡大にともない、「収益機会の獲得」を狙うことが特に重要な戦略となる傾向にある。

① 収益機会の獲得

　企業は環境の観点から事業戦略を見直すことで、革新的な戦略を組み立てることが可能になり、収益機会を獲得できる。環境の側面から既存市場の再定義をおこなうことは、新たな市場の発見につながる。環境の観点から企画された製品は、顧客の環境課題を解決させることができる。製品のエネルギー使用量、廃棄物、有害物質などを減らすことは、顧客のコストやリスクの削減につながる。環境に配慮した製品が顧客のニーズに合致すれば売上の向上につながり、市場での地位獲得を狙うことができる。環境問題に対する明確なビジョンをもっている企業は、新たな価値の創出や製品のブレイクスルーを引き起こす傾向にある。例えば、電気自動車やシェアリングビジネスなどは、かつて環境

の観点から生み出された革新的な市場である。「2.3.1 エコから生まれる新規ビジネス分野」にそれらの事例を示す。また、「2.1.3 環境、社会、ガバナンス（ESG）」に示した通り、近年ではESG投資の隆盛により、サステナビリティに配慮した企業は資金調達をおこないやすくなっている。拡大する環境産業を目的に資金調達をおこない、そこで新たな収益機会を得るという循環が起こる。

② コスト・リスクのコントロール

企業は、環境対応から事業全体のコストを見直すことによってコスト優位性を得られる。環境の観点から効率を追求することは、資源の生産性の向上につながる。特に工場では水、原材料、エネルギーを消費して製品を作っている。これらを減らすために生産工程を見直すことは、すなわちこれらの購入に関わるコストの削減となる。廃棄物や排水を低減させることは、廃棄物処理コストや排水処理コストの削減につながる。エネルギー使用量の削減は、国際市場動向に左右される原油や天然ガスの価格変動リスクの低減につながる。これらのコスト削減は、製造原価を直接的に減らし、利益の増加に直結する。企業は事業全体における環境負荷を見直すことで、サプライチェーンの中で製品の価値を棄損している無駄をみつけ出し、その改善をおこなうことができる。

また、環境対応はビジネスリスクのコントロールに寄与する。環境問題への感度を向上させることで、日々移り変わる政策動向や世論から発生する環境リスクについて予防措置を講じることができる。新しく生み出される環境規制に前もって対応できるなど、他社に先んじて新しい環境問題に対応することで市場において相対的優位性をもつことができる。

③ レピュテーション・ブランド価値の向上

環境的に「正しい」行動は、顧客やステークホルダーに対しての企業のレピュテーションやブランド価値向上につながる。レピュテーションやブランド価値の向上は、顧客の満足度を高めて製品・サービスに対する忠誠心を築き上げ、リピーターの獲得につなげることができる。顧客のみでなく、従業員についても同様である。社内に環境配慮型の文化を醸成することで、従業員のモチ

ベーションを高め、新たな人材成長や人材獲得の機会を得ることができる。

　企業のレピュテーションやブランド価値の向上は短期間では成らず、長期間の行動の積み重ねによって築き上げられる。企業が CSR や SDGs に取り組む重要な目的が、このレピュテーションやブランド価値の向上である。対して、サプライチェーンを含めて適切な環境配慮をおこなっていない企業は、メディア・消費者・NGO などからの批判にさらされ、企業のレピュテーションを棄損するリスクがある。近年では、企業活動におけるモラルが一層重視されるようになっている。現代ではインターネットの普及により、企業の活動は市民・消費者から逐一監視されているといってよい。倫理的に「正しくない」行動は、SNS やインターネット掲示板にさらされ、長時間かけて積み上げたレピュテーションを一気に低下させるリスクをはらむ。ステークホルダーから信頼を勝ち得、レピュテーションリスクを減らすには、常に環境的に正しい行動をとっていくことが求められる。

2.2.3　環境経営の要素

　企業が環境経営をおこなう際の重要な要素としては、「環境意識の浸透」「情報の収集・管理」「事業の再検討」「企業文化の育成」がある[7]。

① 環境意識の浸透

　環境経営の意思決定を裏付けするのは、社内での環境意識の浸透である。環境意識の浸透においては、特に企業トップの役割が大きい。企業トップが環境問題に対する明確なメッセージを出し、企業行動のゴールを設定することが環境意識浸透の近道である。このゴールは企業の独りよがりであってはならず、社会的に「正しい」とされる行動はどのようなものであるかを客観的に検証する必要がある。環境意識の浸透においては、次のようなことに留意する必要がある。環境問題は長期間のタイムラインで引き起こされるため、短期間でなく長期の影響を考えて企業行動を構築する。地球規模の問題であることに留意して企業行動の検討の範囲を広く取り、サプライチェーン全体をみる。企業行動による結果についても、目にみえる価値だけでなく、レピュテーションやブラ

ンド価値という無形価値への影響を想定する。

　企業行動の検証の際に、世論への配慮は重要である。データをもって市民を中心とするステークホルダーに説明することは重要であるが、環境問題の特徴は、そこに人の感情が絡むことである。企業の主張と市民感情に齟齬があった場合に市民感情を無視した企業論理を押し付けることは、世論を敵に回すことになり逆効果である。企業論理による「正しさ」よりも、市民感情の方が正しいという観点から行動を練って対応を検討することが望ましい。

② 情報の収集・管理

　企業が環境経営を策定するにあたり基本となる行動は、事業活動にともなう環境負荷に関する情報の収集・管理である。事業活動がどのような環境負荷につながっているかを検証した上で、改善できる活動を特定する。取り組みとしては、事業活動にともなうエネルギー使用量、資源利用量、廃棄物排出量などの具体的なデータを収集する。工場であれば、原料やエネルギーの流れを把握するためのマテリアルフローを作成する。これにより、改善ポイントを特定でき、改善方法の検討や、改善目標の設定をおこなうことができるようになる。企業全体の環境負荷に関するデータは、環境報告書などで対外的に公表するケースが多い。個別製品に関しては、製品の製造に関わるデータを収集し、ライフサイクルアセスメントをおこなうケースもある。

③ 事業の再検討

　収集したデータを基に、環境負荷を低減させるための事業の再検討をおこなう。環境の観点からの事業の再検討は、企業によってさまざまな手段がある。「2.2.1 環境への取り組み手段」に挙げた取り組みのうち、自社に適した手法をとっていく。事業活動全体の再検討であれば、環境マネジメントシステムの構築により、収集したデータをもとに環境配慮の方針や計画を立て（Plan）、その実現に向けた環境配慮を実行し（Do）、その達成度を点検し（Check）、見直し・改善する（Action）という PDCA サイクルをおこなう。生産工程については、マテリアルフローを検証して再生資源のクローズドループシステムを構築するなどの方法がある。製品については、必要に応じてライフサイクルアセ

スメントの結果などを参考にしながら、環境配慮型の製品開発をおこなう。また、原材料の調達段階のサプライチェーン全体を環境配慮の観点から見直し、調達先の工場や地域を変更することもある。

④ 企業文化の育成

　企業の仕組みを環境配慮型にしていくためには、中長期的に企業文化自体を変えていく必要がある。一番力強い要素としては、前述のように企業トップが企業活動を環境配慮型にするというメッセージを発し、ゴールを設定することである。これを現場レベルに落とし込んでいき、最終的には企業文化として定着させていかなくてはならない。現場レベルの落とし込みには、従業員が環境配慮の活動をおこなうためのインセンティブを作り上げる方法がある。例えば、昇進・給与などへ環境配慮の活動を反映させることや、社内での表彰システムを作り出すことなどが考えられる。また、社内外の環境コミュニケーションは企業文化を構築することに寄与する。社内向けのコミュニケーションとしては、環境部署と現場との関係構築や、社内での環境関連の研修などが考えられる。また、社外向けのコミュニケーションとして、環境報告書・CSR 報告書などで環境関連の活動内容・目標達成状況・改善効果などを対外的にコミットすることは、社内においても従業員にモチベーションと責任感を与える効果がある。

2.2.4　環境産業の市場が創出される要因

　環境産業の市場が生まれる背景は、「政策・規制」「国際動向」「社会」「外部経営資源」「市場」、の 5 つの変化が要因となる。企業がこれらの要因に対応することで、新たな環境産業の市場が創出されてきた[7],[87]。このうち特に「政策・規制」「国際動向」「社会」に関する仕組みについては、第 3 章で詳述する。

① 政策・規制

　政府や地方自治体による規制や制度設計は、新たな環境産業の市場を創出してきた。かつては、環境規制は企業活動を阻害し、企業のコストを増大さ

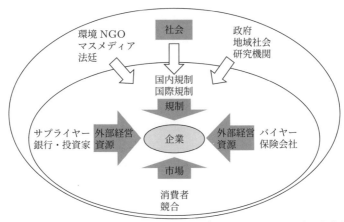

出典：『Competitive Environmental Strategy』（A. J. Hoffman、2000）より作成

図 2.1　環境関連の市場が創出される要因

せるという見方が一般的であった。それに対し、Michael E. Porter の論文
『America's Green Strategy』（1991 年）が示した「適切に設計された環境規
制は、製品の総費用の削減または価値の向上につながるイノベーションを引き
起こせる」という仮説（「ポーター仮説」とよばれる）があり、現在でもその立
証について研究が続いている[88]。

　企業により引き起こされる環境問題の解決は、政府による制度設計に基づい
て、企業が規制への対応をおこなうというスキームで導かれてきた。企業は規
制を遵守するため、新たな設備の導入や、工場・事業所の運営体制を変更する
ことで対応する。例えば、公害に関する規制が定められれば、企業はそれに対
応するための環境設備を導入する。この際には、設備メーカーは新たな規制に
対応するための設備を開発し、設備導入者は新たな設備投資をおこなう。ここ
で、設備メーカーにとってはビジネスチャンスが生まれる。自動車の排ガス規
制が定められれば、エコカーの市場が新たに生まれる。省エネが義務付けられ
れば、省エネ関連市場ができあがる。リサイクルの目標が定められ、分別回収
の制度が整備されれば、新たなリサイクル産業（静脈産業）が生まれる。

　21 世紀型の制度設計は、単純に企業に義務を求める規制手法だけでなく、企

業にインセンティブを与えることで行動を変革させることが意識されるように
なっている。例えば、各国で再生可能エネルギーを増やすために導入されてい
る FIT 制度では、企業の再生可能エネルギー投資に対して、長期にわたる利
益の見通しを立てやすくするというインセンティブを与えた。これにより、再
生可能エネルギー市場が急速に立ち上がった。また、企業の温室効果ガス削減
効果にクレジット（排出量）として経済価値を付与し取引できるようにする排
出量取引の仕組みは、市場メカニズムにより企業に再エネ・省エネのインセン
ティブを与えるものである。

②　国際動向

　国内の規制や制度設計は、国境の中だけで完結するものではない。環境問題
は国境を越える問題であるため、国際合意に基づいて国内の規制・制度設計が
形作られる。また、企業活動も国内にとどまるものではない。グローバル企業
であれば海外に工場や事業所といった拠点をもっており、もしくは国外に拠点
をもっていない企業であってもサプライチェーンまで含めると大半の企業が海
外と接点をもっている。このため、国際政治や国際世論といった国際社会の動
向は、企業活動に影響を与える。一方で国際社会の動向は、国内外に新たな環
境産業が創出される契機になる。

　地球環境問題の分野では、国際政治の動向が国内での制度設計へ直接的に反
映される。例えば、地球温暖化問題においては、京都議定書（1997 年）にお
いて各国が温室効果ガス削減に合意し、それに基づいて日本でも 1990 年比で
温室効果を 6% 削減する目標を設定し、省エネが積極的に進められるように
なった。続くパリ協定（2015 年）では途上国を含むすべての締結国が温室効果
ガス削減をコミットする中、日本は 2021 年 4 月に米国が主催する気候サミッ
トにおいて、2030 年の温室効果ガスを 2013 年比で 46% 削減し、2050 年に温
室効果ガス排出量を実質ゼロ（カーボンニュートラル）とする宣言を出した。
これらの国際合意を受けて、国内外では再エネ・省エネ市場が拡大している。

　政府による制度設計がおこなわれていなくても、企業が国際社会の合意を受
け止め、プロアクティブに対応するケースがある。近年で大きなインパクトを
もっているのが、前述の国連による SDGs の設定である。SDGs それ自体はあ

くまで国際社会が目指す目標であって、各国政府に直接的な規制や制度設計を求めるものではない。しかし企業にとっては、この目標が今後世界で創出される市場を探索するヒントとなっている。SDGsがゴールとしている各項目は、世界的なニーズが存在している分野であることを示しているからである。これにより、企業はSDGsを見据えた企業活動の変革、サービスの創出、技術開発をおこなうようになっている。

　企業活動は、サプライチェーンの中で他国・他地域の規制の適用対象となるケースがある。例えば、EUにおける化学物質規制であるRoHS指令、REACH規制、WEEE指令は、EU域内の企業のみでなく、EU域外の企業であってもEUに製品を輸出する企業に適用される。このため、EUにおける規制が世界の企業に影響を与え、有害な化学物質を排除するような製品の設計・製造が求められるようになった。

③ 社会

　企業は社会的ステークホルダーとのコミュニケーションを取りながら、効果的な経営戦略を立てる必要がある。社会的ステークホルダーは、環境問題の個別イシューとそれに対する企業の対応に関して、市民の感情に訴えかけ、市民の思考様式や規範を変化させる力をもっている。社会における価値観の変容は、ビジネスのあり方そのものを変えるインパクトがある。

■NGO　NGOは、地球環境問題において独自の影響力をもっているステークホルダーである。影響力を行使するにあたり、科学的研究、訴訟、デモ、企業との協業、メディア露出、意見の主張などの多様な手段で活動をおこなう。その影響力は、科学、政治、法規制、経済などで直接的または間接的に表れる。企業は、NGOの主張に耳を傾けて解決方法を探る必要がある。個別イシューに対して、NGOと協業して解決方法を探るケースもある。

■地域社会　ローカルな環境問題において、地域社会の影響力は大きい。NGOの活動戦略においても、地域社会レベルの活動に落とし込まれたときが、企業や政府の行動変革に対し最も影響力を発揮する。地域住民は環境被害を直接的に受ける立場だからである。特に大気や排水の排出などをともなう事業では、

2

企業の環境戦略

61

地域社会への公害を回避することが必須となる。一方、適切に計画された事業であれば、企業と地域社会が共同で価値を創出するという CSV の理念を体現できる。

■メディア　メディア（新聞、テレビ、雑誌）は環境問題を市民に知らせるために重要な役割を果たしている。メディアの役割は情報提供だけでなく、社会に議論を作り出すという役割をもっている。メディアはアジェンダ（議題）設定者の役割をもっており、政府の意思決定に影響を及ぼす。同時に、市民に環境問題に関するコンセンサスを浸透させるという役割をもっている。環境問題をメディアが取り扱う機会が増えるにつれて、市民の環境問題に対する意識が高まる。

■研究機関　環境問題は科学的な知見に基づくものであるため、研究機関もアジェンダ設定者の役割をもつ。科学に基づいて特定の環境問題の重要度を社会に唱道することで、政府や市民が取り組むべき環境問題の価値づけをおこなう。研究の進展の結果、従来は見過ごされていた重大な環境問題が発見されることがある。

■法廷　法規制が実際にどの範囲で適用されるか、または実際にどの程度までなら法的に許容されるかは、最終的には訴訟の結果として法廷で確定する。ある特定の環境問題に関する訴訟で判決が確定した場合には、原告以外の企業もその判決にしたがった行動に変化させる必要が出る。企業にとっては訴訟のリスクは経済的な観点からもレピュテーションの観点からも大きいものであり、環境問題に対する裁判の動向について企業は敏感に反応する。

■教育　環境問題に対する社会の規範の変化について、学校教育が果たす役割は大きい。環境問題への社会の関心を受けて、多くの大学が「環境」を冠する学部・専攻を設置し、環境問題に関する専門的な教育をおこなっている。小中高校においても、リサイクル、省エネ、地球温暖化問題などについて教える環境教育がおこなわれるようになっている。初等教育の段階から環境問題を学ぶことで、中長期的に市民全体に環境への意識が浸透するようになる。

④ 外部経営資源

　企業が活動の中で密接に関連している外部経営資源も、企業に環境配慮を求める要因である。具体的には、以下のような外部経営資源の影響がある。

■顧客とサプライヤー　サプライチェーンにおける顧客やサプライヤーの環境への関心は、企業に対して資源調達、製造、販売などにおける環境配慮を求めるようになる。サプライチェーンの最川下に存在するのはその製品の消費者であるが、川下から川上に向かって環境配慮が求められることになる。結果的に企業はサプライヤーと顧客との関係の中で、環境影響を最小化するように活動をおこなうようになる。

■銀行　企業は、事業継続、事業拡大、新規事業の立ち上げなどあらゆるフェーズの中で、銀行からの融資を必要とする。銀行は、融資の審査プロセスの中でESG を勘案するようになっているため、企業も ESG への配慮が求められるようになっている。

■株主（投資家）　株主は企業の最終的な意思決定権をもっており、企業の行動変革を促す力をもっている。特に株主の中でも大口の投資家は企業の意思決定に大きな力をもっている。近年では投資家は環境を含む ESG に高い関心をもつようになっている。安定した資本の調達により事業を拡大するため、企業は環境配慮を求める株主の声に耳を傾けるようになっている。

■保険会社　企業は、事業の中でさまざまな種類の保険をかけている。事故などのリスクを一定の範囲内で保有しているのが保険会社である。保険会社は環境リスクを財務リスクと同一視し、保険リスクを最小化するために環境をクライテリアに盛り込むようになっている。

⑤ 市場

　企業は、市場関係者の動向を勘案しながら、戦略の策定をおこなう。

2

企業の環境戦略

■消費者　消費者はサプライチェーンの最川下に存在し、製品・サービスは最終的に消費者のもとに届けられる。消費者のニーズとまったく異なった製品・サービスを提供し続ける企業は市場の中で淘汰される。消費者が環境への関心度合いを高めるにつれて、企業は環境に配慮した製品・サービスを送り出すようになっている。

■競合　競合企業が環境問題への対応を経営戦略に取り入れた場合には、自社にとっても環境問題への対応は競争上のイシューとなる。同じ業界の 1 社がおこなった環境配慮の取り組みは、ほかの社にとってはベンチマークとなり、業界内で達成すべき目標となる。業界内で競争上のイシューとなれば、各社ともに業界のリーダーとなるべく競争をおこなう。環境問題への対応を巡って、業界内で競合を意識してさまざまな階層での主導権争いがおこなわれることになる。

■業界団体　業界団体は、特定の業種の企業を会員とする非営利の団体である。また、業界を横断した連合会として経済団体がある。日本では業種ごとに業界団体が存在しており、経済団体としては日本経済団体連合会、日本商工会議所、経済同友会という経済三団体が経済的にも、政治的にも大きな力をもっている。業界団体は社会や政治、または会員企業の要請を受けて、自主規制やガイドラインという形で会員企業のあるべき行動様式を規定することがある。業界団体による取り決めは競争環境に一定のルールを設定することになる。

■コンサルタント　環境の分野は理学・工学といった理系分野から経済学・法学といった文系分野まで幅広い専門性が求められる分野である。このため、専門性をもつコンサルタントやシンクタンクが影響力をもつ。国や地方自治体の政策立案や制度設計の段階では、大手シンクタンクをはじめとした調査・コンサルティング会社が実務に関与する。また、企業は専門のコンサルタントの力を借りることで、専門性の高い実務を円滑に遂行できる。コンサルタントは制度と実務を結び付ける媒介役となり、環境市場の形成に寄与する。

2.3　環境ビジネスの事例

　本節では環境ビジネスの事例を挙げる。現在では環境ビジネスに取り組んでいる企業は無数にあり、その動向は日々変化している。このため、読者においては、本節に挙げた各種のデータベースやウェブなどで、最新事例を補足して研究を深めていただきたい。

2.3.1　エコから生まれる新規ビジネス分野

　エコ（環境）の観点から既存の概念を見直し、技術やサービスを再検証することで、新たな市場やビジネススキームを創出できる。エコの概念は、近年の技術革新と親和性が高い。ここではエコの概念の例として、「もったいない精神」「不要物の価値発見」「脱化石資源」「プロシューマー」「シェアリングエコノミー」の軸を考え、そこから生まれた新規ビジネスの例を示す。

① もったいない精神
　「もったいない」という概念は、3R（リデュース、リユース、リサイクル）や循環型社会につながる日本の伝統的な概念である。現代社会において、「もったいない精神」は新たなビジネスの創出とシナジーがある。

■不要品は他人にとっては価値があるもの　3R の中で、リユースはリサイクルよりも環境負荷を低減できる優先順位が高いものである。大量生産・大量消費・大量廃棄社会においては、使えるものでもごみとして捨てざるを得なかった。しかし、ある人には不要品でごみになるものであっても、別の人にとっては価値があることは多い。

　従来、不要品とそれをほしい人をマッチングさせる仕組みとしては、リサイクルショップやフリーマーケットがあった。ただし、この仕組みは地域限定で市場が限られるため、必ずしも欲しい人がみつかるわけではない。この壁を超えたのがネットオークションやフリマアプリである。これらはスマートフォンやパソコンを使って、不要品をほかの消費者と直接売買できる仕組みである。

金額はインターネットで合意し、売り手が買い手に直接郵送で送るので、地域の壁を乗り越えることができる。ニッチな不要品でも、ネットで募れば買い手をみつけることができる。これによって、使える不要品が「ごみ」ではなくなる。これらは後述のシェアリングエコノミーの一種でもある。

■食べられる食品は廃棄しない　「1.2.3 循環型社会」に示したように、国内で 600 万 t/年 も発生する食品ロスをはじめとする日本の食品廃棄物問題の解決は、世界の食糧問題の解決につながる。食品ロスの問題の解決を目指し、食べられる食品を廃棄せざるを得ない店舗と、食品を必要としている消費者をアプリでマッチングさせるサービスが出てきている。閉店間際の飲食店などが廃棄されそうな食品をインターネットで登録し、それを欲しい消費者がその食品をテイクアウトで安価に購入できるサービスである。店舗にとっては食品を売り切ることができ、消費者にとっては安価に食材を購入できる。最終的には食品ロスの削減につながる。食品をシェアするという意味では、これもシェアリングエコノミーの一種である。

■コンテンツは電子データ配信で資源不要に　コンテンツ産業の革新は、コンテンツの媒体であったプラスチックや紙を減らすことで、資源利用のリデュースにつながっている。かつて音楽は CD、映画ビデオは VHS・DVD・ブルーレイというプラスチックの媒体で取引されていた。現在でもこの媒体はレンタル・購入のいずれの形態でも存在しているものの、その位置づけはスマートフォン・タブレット端末・パソコンなどへの電子データ配信に取って代わられようとしている。音楽や映画ビデオで多くの消費者が欲しいのは CD や DVD といったプラスチックの「モノ」ではなく、「コンテンツ」である。情報通信技術の革新により、データの大量送信ができるようになったことで生まれたビジネスモデルである。同様に、電子書籍も紙資源を減らす方向に働く。

② 不要物の価値発見

　これまで不要でじゃまものであるとされてきたものでも、技術革新により新たな利用価値が生み出されることがある。技術に合わせた社会的な仕組み作りをおこなうことができれば、実際に不要物を価値化できる。

■廃棄物は希少資源の宝庫　日本は、製造業の原料となる天然資源をほとんどが海外からの輸入に頼っている。一方、「1.2.3 循環型社会」で述べたように、廃棄物に含まれている貴金属を回収する都市鉱山の観点で資源賦存量を考えると、日本は全世界の埋蔵量の一割を超える金属が多数存在する資源大国となる。都市鉱山を有効活用できれば、資源問題とごみ問題の両方の解決に貢献できる。都市鉱山の活用は、解体、分離、精錬などの技術によって実現できる。日本では小型家電リサイクル法によって、廃電子機器を回収する社会的な仕組みを作っている。

■二酸化炭素を資源として利用　CO_2 は地球温暖化の最大の原因となっている迷惑物質であるが、これを資源として再利用しようという研究が始まっている。CO_2 を素材や燃料として再利用するカーボンリサイクルの取り組みである。カーボンリサイクルにおける CO_2 の用途としては、化学品、燃料、鉱物などへの利用が考えられている。現時点では研究開発段階であるが、国は2030 年から 2040 年にかけての実用化に向けた技術開発支援をおこなっているため、いずれはビジネスとして成立するようになることが見込まれる。カーボンリサイクルについては、「5.4.3 カーボンリサイクル」で詳述する。

③ 脱化石資源

　地球温暖化対策は、21 世紀における技術開発や事業展開の大きな軸である。化石資源に依存しない社会に向けた技術開発があらゆる分野でおこなわれるようになっている。

■自動車はカーボンフリーに　これまで自動車はガソリンで動くことが前提であったが、電気自動車（EV）や燃料電池自動車（FCV）の登場により、CO_2 を排出しない乗り物になるというパラダイムシフトが起きつつある。

　電気自動車は、2009 年に三菱自動車が、2010 年には日産自動車が市販車として販売したことで普及の口火を切った。電気自動車の原理は 19 世紀から存在していたが、性能、後続距離、コストなどの側面からガソリン車の方が有利であり注目されることはなかった。21 世紀に入り、電気自動車は地球温暖化

の解決策として注目されると同時に、リチウムイオン電池が採用されることで
バッテリー性能が向上し、市場で普及できる価格帯で販売できるようになっ
た。市販の電気自動車が市場に投入されてからわずか 10 年程度で多くの自動
車メーカーが電気自動車を販売するようになり、消費者の選択肢も増えてい
る。また、水素を燃料とする燃料電池自動車も市販段階にいたっている。2040
年には 6 億台 が電気自動車に置き換わると予想されている[89]。電気自動車
については、「4.6.6 運輸部門」 に詳述する。

■プラスチックは石油でなくても作れる　プラスチック使用による地球温暖化
問題、ごみ問題、資源問題を解決する方法として、バイオプラスチックが注目
されている。バイオプラスチックは、トウモロコシやサトウキビなどのバイオ
マスを原料として製造されるプラスチックである。バイオプラスチックはバイ
オマスを原料とするため、燃やしてもカーボンニュートラルであるという特徴
がある。またバイオプラスチックの多くは、微生物によって水と CO_2 に分解
される生分解プラスチックとしての特性をもつため、ごみ問題の解決に寄与す
る。バイオマスは再生可能な資源であるため、化石資源枯渇の問題の解決にも
寄与する。一方で、原料となるバイオマスは食料と競合するリスクがあること
や、生分解には一定の条件下で堆肥化処理をおこなう必要があるなどの課題が
あるため、技術を有効利用するためにはこれに適合した社会システムを同時に
構築する必要がある。

④　プロシューマー

　プロシューマー（生産消費者）とは自ら生産活動をおこなう消費者のことを
指す。生産と消費とを一体化する新しいタイプの生活者ともいえる[90]。プロ
シューマーは、エネルギーの分野でも重要な要素となる。

■エネルギーは自分で生み出すものへ　従来、エネルギーは需要家が電力会社
に電気料金を支払って購入するものであった。現在では住宅の屋根などに太陽
光発電を設置することで誰でも電気を生み出せるようになり、電気の生産と消
費を同時におこなうエネルギープロシューマーが増加している。将来的に家庭
用蓄電池の価格が十分に安くなれば、太陽光発電と蓄電池をセットで導入する

家屋が増え、電気を完全に自給自足できるようになる。

　2018 年時点で太陽光発電を設置している世帯は 322 万戸であったが、2030 年までには 520 万戸に増加すると予測されている[91]。エネルギープロシューマーが増加していけば、多数の小規模発電や電力の需要抑制システムを 1 つの発電所のようにまとめて制御するバーチャルパワープラント（Virtual Power Plant：VPP）のビジネスが生まれる。エネルギープロシューマーについては、「5.5.2 スマートシティを構成する特徴的な要素」で詳述する。

■自動車が蓄電池になる　前述のように、電気自動車や燃料電池自動車が今後の自動車市場の主流を占めることが予測されている。電気自動車は家庭のコンセントから供給される電気を蓄電して走ることができる。この逆に、電気自動車に貯めた電気を家庭に供給することも可能である。自家用車は一般的に一日の大部分は駐車場に置かれたままであり、日本の自動車の平均稼働率は 4 % 程度であるといわれている[92]。昼間の駐車している時間帯に屋根の太陽光発電から電気自動車に蓄電し、夜間の発電していない時間帯に家庭に電気を供給すれば、電気自動車を蓄電池として活用できる。このように電気自動車を家庭の太陽光発電の蓄電池として使う仕組みは V2H（Vehicle to Home）といわれ、研究開発が進められている。さらに、電気自動車の電気を電力系統へ供給する V2G（Vehicle to Grid）にも発展する。電気自動車もエネルギープロシューマーの電気の有効活用を実現する重要な設備になる。

⑤ シェアリングエコノミー

　20 世紀型の消費は、私的所有による消費が主であった。すなわち、製品を購入することで自分の所有物として使用し、自分にとって必要なくなれば、その製品がまだ使えるものであっても捨ててしまうことが通常であった。これは大量生産・大量消費・大量廃棄の背景となってきた。21 世紀に入り、「シェア」という概念が消費者に受け入れられるようになっている。インターネット上のプラットフォームを介して個人と個人・企業などの間で製品・場所・技能などを売買・貸し借りする経済モデルをシェアリングエコノミーという。前述のネットオークションやフリマアプリもシェアリングエコノミーの一種である。

シェアリングエコノミーの普及は、社会の資源利用を効率化させ、なおかつ大量生産・大量消費・大量廃棄型の社会を変える可能性をもっている。

■モノの価値は所有から使用へ　シェアリングビジネスによって、モノは「所有」ではなく「使用」することの価値が重視されるようになる。その先駆けとして始まったビジネスに、カーシェアリングのサービスがある。カーシェアリングはマンション、住宅街、スーパーマーケットの一角に専用の駐車場であるカーステーションが設置され、数十分程度から無人管理で手軽に借りることができる自動車の使用形態である。自動車は「所有」することに価値があるのではなく、必要なタイミングで必要な時間だけ「使用」できればよいという考え方に基づく。これまでもレンタカーによる自動車利用形態があったが、6 時間単位や 12 時間単位などでの貸し出しであり、買い物に少しだけ使う、などの使い方には不向きであった。ごく短時間の自動車利用の市場を生み出したのが、カーシェアリングという業態である。カーシェアリングの普及は、不必要な自動車の台数を減らすことにつながり、ひいては資源有効利用や地球温暖化防止に寄与する。

■エネルギーをシェア　エネルギープロシューマーが家庭の太陽光発電で生み出した電力は、生活に必要な分は自家消費をおこない、余った電力は電力会社に売ることができるようになっている。現時点では技術的・法制度的に個人間の電力取引をおこなうことはできないが、ブロックチェーン技術を活用し個人間で電力取引を実現するための技術開発がおこなわれている（「5.4 次世代エネルギーインフラ」　参照）。エネルギーもほかのモノと同様に、個人間でシェアをおこなうことができるようになる。これによって、社会全体でのエネルギー利用が効率化することが期待される。このように、将来のエネルギー市場は、分散とシェアが ICT 技術の活用によって進むことが見込まれる。

■スキマの土地をシェア　太陽光発電は、場所さえあれば太陽光パネルを設置して発電が可能となる再生可能エネルギーである。事業用太陽光発電は、これまでは広い遊休地を使った大規模太陽光発電が主であったが、今後は設置できる遊休地が限られていくため、「スキマ」を使った太陽光発電が増えてくると

みられる。太陽光発電の用地をほかの用途と両立させ、価値をシェアするという考え方である。例えば、農地を立体的に活用し、太陽光発電と農業を両立させるソーラーシェアリングという仕組みが注目されている。また、自宅の屋根を事業者の太陽光発電設備のために貸し出す「屋根貸し」のビジネスも生まれている。

2.3.2 環境ビジネスの事例に関するデータベース

現在では、多くの企業が多様な切り口で環境ビジネスをおこなっている。国や民間団体が各種データベースなどで先進的な環境ビジネスの事例を取りまとめているため、ここでは先進事例から学ぶ際に参考となるデータベース例（2021 年時点）を挙げる。

環境省では、環境ビジネスの実態や政策課題を把握することを目的として、先進的な環境ビジネスを調査・分析し、環境省のウェブサイト「環境ビジネスの先進事例集」で公表している[93]。同省では毎年、先進的な環境ビジネスを展開する企業約 20 〜 30 社 を選定し成功要因や政策要望などについてまとめており、企業活動の参考となる情報を提供している。

国内で開かれる環境関連イベントのうちで最大のものの 1 つ、「エコプロ展」では毎年、環境配慮型の製品・サービス・技術・ソリューションを表彰する「エコプロアワード」（旧エコプロダクツ大賞、事務局：一般社団法人サステナブル経営推進機構）を開催している。受賞事例は、ウェブページで公開されている[94]。

企業の省エネのコンサルティングをおこなっている一般財団法人省エネルギーセンターでは、産業・業務・運輸の各部門における優れた省エネの取り組みや、先進的で高効率な省エネ型製品を表彰する「省エネ大賞」を実施している。多様な業種の省エネの概要をウェブページで閲覧できる[95]。さらに、同センターがコンサルティングした省エネ・節電支援の事例集がウェブページ「省エネ・節電ポータルサイト」で公開されている[96]。

企業や団体による SDGs の取り組みについては、外務省のウェブページ「JAPAN SDGs Action Platform」に整理されている[97]。ここに掲載され

2

企業の環境戦略

ることにより、企業は SDGs の取り組みを対外的に紹介できるようになっている。

2.4　環境産業の市場規模

　環境産業の市場規模は、世界で急拡大しており、今後も拡大し続けると予測されている。環境省などの予測をみると、環境産業は 21 世紀のビジネスにおけるフロンティア市場であることがわかる。

　環境省では毎年、『環境産業の市場規模・雇用規模などに関する報告書』において、日本の環境産業の市場規模の推計をおこなっている。同報告書の 2020 年度版によると、環境産業の市場規模は、2019 年に約 110.3 兆円 となっている [98]。これは、2000 年（58.3 兆円）との比較では約 1.9 倍 となっている。今後も市場は上昇傾向を続け、2050 年 には 136.4 兆円 まで成長すると予測されている。なお、同報告書の 2018 年度版では参考値として、全世界における環境産業の市場規模を試算している [99]。全世界における環境産業全体の市場規模は、2016 年時点では約 1,085 兆円 となり、これが 2050 年には約 2,334 兆円 に倍増すると試算されている。

　特に再生可能エネルギー産業は、世界で多くの雇用を生み出している。『Renewables 2019 Global Status Report』（REN21）[100] によると、2018 年時点で、世界では再生可能エネルギー関連産業全体で 1,098 万人 の雇用を生み出していると推計されている。特に再生可能エネルギー市場が大きい中国では 407 万人 の雇用を生み出しており、うち半分の 219 万人 が太陽光発電に関連する雇用である。また、EU 地域では 123 万人、ブラジルでは 112 万人（うちバイオ燃料が 83 万人）、アメリカでは 85 万人、インドでは 71 万人 の雇用が再生可能エネルギー産業によって創出されていると推計されている。

　企業による SDGs への対応も大きな市場を生み出すと考えられている。国際機関の Business & Sustainable Development Commission によると、SDGs で掲げられた各目標を追求すると 2030 年には年間 12 兆ドル の経済成長機会があり、新たに最大 3.8 億人 の雇用が創出されると試算されている [101]。SDGs により生み出される分野のうち大きなものとしては、モビリ

ティシステム 2 兆ドル、健康 1.6 兆ドル、省エネ 1.3 兆ドル、クリーンエネルギー 1.2 兆ドル、住宅 1 兆ドル、循環型製品 1 兆ドル、などがある。

2.5　本章のまとめ

企業の環境への取り組みの手段としては、事業活動における自らの環境負荷削減、環境負荷の低い製品・サービスの提供、環境事業への投資・運営、環境技術の開発がある。

企業は、積極的な環境戦略によって競争優位性をもつことができる。環境戦略によって得られるものとしては、収益機会の獲得、コスト・リスクのコントロール、レピュテーション・ブランド価値の向上、がある。

企業が環境経営をおこなう際の重要な要素としては、環境意識の浸透、情報の収集・管理、事業の再検討、企業文化の育成、がある。

環境産業の市場が生まれる背景には、政策・規制、国際動向、社会、外部経営資源、市場、の 5 つの変化が要因となる。企業がこれらの要因に対応することで、新たな環境産業の市場が創出されてきた。

演習 1

「2.3.2 環境ビジネスの事例に関するデータベース」で取り上げたデータベースなどを参考に、企業の先進事例にどのようなものがあるか調

べなさい。

演習 2

関心のある企業の CSR 報告書／サステナビリティ報告書／統合報告書
などを読み、その企業がどのような環境戦略を立てているかを調べな
さい。

演習 3

「2.4 環境産業の市場規模」 で示した環境産業の市場に関わる参考文
献を調べ、環境産業が成長する背景にあるものを読み解きなさい。

本章では、環境問題を巡る企業と社会の関わりを整理し、企業にとっての外部環境がどのような仕組みで動いているかを検証する。

3.1　環境政策

企業が環境に配慮した行動を取る裏付けには、各国の環境政策および規制の存在がある。国や地方自治体は、制度設計によって企業の行動を環境配慮型に誘導していく。ここでは、制度設計がどのような仕組みで形作られているかを検証する。

3.1.1　環境問題が起こる背景

本項では環境問題が引き起こされる背景について、経済学の観点から「公共財とフリーライダー」「コモンズの悲劇」「外部不経済」の概念を紹介する。これらはいずれも、市場原理に基づいて各主体が利己的にふるまうことで発生する「市場の失敗」による環境破壊を防ぐためには、環境政策が必要となることを示している[102], [103]。

① 公共財とフリーライダー

環境問題が起こる背景には、地球環境が公共財としての性質をもっていることがある。表 3.1 に示すように、公共財（public good）とは、経済学の定義では、「排除原則の適用」が困難で、かつ「競合的」でない財、つまり「排除不可能で非競合的」という性質をもった財をいう。排除原則の適用が可能とは、代金を支払わない者をその財の利用や消費から排除できることを意味する。これに対して、排除原則の適用が困難、すなわち排除不可能とは、代金を支払わない者をその財の利用ないし消費から排除できない、もしくは排除できたとしてもそのために膨大な費用がかかってしまうことから事実上排除できないこと

表 3.1　公共財の考え方

		競合性	
		あり（競合的）	なし（非競合的）
排除性	あり（排除可能）	私的財	クラブ財（準私的財）
	なし（排除不可能）	準公共財（共有財、共有資源）	公共財

を意味する。競合的とは、その財をある者が利用または消費すると、その財について他者の利用や消費が減じてしまうような財の性質をいう。これに対し、非競合的とは、その財をある者が利用または消費したとしても、その財について他者の利用や消費が減じないような財の性質をいう。公共財以外には、「排除可能で競合的な財」は私的財といわれる。「排除不可能で競合的な財」は準公共財（共有財、共有資源）といわれる。「排除可能で非競合的な財」はクラブ財または準私的財といわれる。

　この定義に照らすと、地球環境は「排除不可能で非競合的」という属性をもつ公共財的な性質をもっている。また、大気汚染や水質汚濁などの環境問題は、その問題を解決し環境保全を促進することが公共財的な性質をもつことから、マイナスの公共財（public bad）という考え方ができる。公共財は、費用負担をしない者をその利用・消費から排除することが困難であることから、たとえ費用負担しなくとも利用できる。市場において各人が私的利用の最大化を目指して行動するとすれば、誰しもが代金を支払わずに他者の負担で供給される公共財を利用しようとする誘因をもつ。このように代金を支払わずに公共財を利用しようとする行動を、フリーライダー（ただのり）という。市場において各人が公共財についてフリーライダー行動を取る限り、市場に公共財の供給を委ねるならば最適な公共財の供給をおこなうことができなくなる。このような状態を市場の失敗といい、最適な資源配分を達成するためには、何らかの公的な政策対応が必要となる。

② コモンズの悲劇

　資源・環境問題の原因を叙述する言説として、コモンズの悲劇という概念がある。コモンズ（共有地）は、所有権が特定の個人でなく共同体や社会全体に属する資源であり、入会地や公海の水産資源などの準公共財がこれにあたる。大気や外洋などの自然環境は、キャパシティに制約がある一方で、個人的に占有して利用することが難しい資源である。この意味で、自然環境や、私的所有できない天然資源をコモンズとみなすことが多い。

　Garrett Hardin は 1968 年の論文『The Tragedy of the Commons』において、「コモンズは必然的に消滅する」という仮説を、牧草地を例に挙げて論証した[104]。牧草地が共有である限り、誰でも好きなだけ牛を飼うことができる。人々は牛の頭数を無制限に増やしていき、その結果牧草地は消滅する、というのが論文の結論である。個人が占有的に利用する資源の場合、その個人は資源を有効利用する。長期的に劣化する資源の場合には、修復や保全などを施し、費用と便益を比較しながら最も効果的な利用を考える。しかし、占有できない資源であるコモンズの場合には、自分の所有に帰属しないため、個人の所有物を利用するよりも粗末に扱う場合が多い。所有が明確でない資源に対しては、自分が費用を負担してその資源を維持・修復しようという動機は小さくなる。ほかの人がその成果をかすめ取るフリーライダーの問題が発生するからである。

　コモンズの悲劇の理論をもとにすると、大気や外洋はオープンアクセスの「グローバルコモンズ」であり、その利用者が利己的にふるまえば、コモンズが崩壊することが必然となる。コモンズの崩壊を防ぐ手段として、Hardin はコモンズの私的管理（私有地化）と公的管理を提唱している。大気や外洋は私有化できないため、実際には公的管理によってコモンズを適正に管理することがこれを回避する手段となる。現代の国際社会では、グローバルコモンズを管理するために各種の条約の整備に至っている。

3
環境問題を巡る企業と社会の関わり

③ 外部不経済

公害問題は、経済学的には外部不経済によって引き起こされるとされる。外部性とは、ある主体が市場のチャンネルを通さずに第三者に何らかの影響を及ぼすことを意味する。その影響が第三者にとってプラスの場合には「外部経済」、マイナスの場合には「外部不経済」という。

大気汚染や水質汚濁という公害は典型的な外部不経済である。企業が引き起こす公害によって環境汚染という外部費用（地域住民の環境被害）が発生した場合、本来、企業はその費用負担をしないといけない。しかし、外部不経済の状態である場合には、市場では外部費用がカウントされずに私的費用だけがカウントされ、企業は費用負担せずに公害を引き起こし続ける。経営者が計算する限界費用に環境被害という機会費用が含まれていなければ外部不経済が発生する。つまり、企業は公害防止に対して環境設備導入などのコストを支払わないことが最適な行動となり、一方で地域住民は公害によって健康を害するという、外部不経済による被害を受けることになる。この外部不経済の問題を解決するために、外部費用を各主体の経済計算の中で考慮されるようにすることを外部性の内部化という。外部性を内部化するためには、政府が規制や課税などの政策を実施し、企業に公害による外部費用を違反金や税金などで負担させるようにする。外部不経済のような市場の失敗に対しては、政府の介入が必要であると考えられている。

3.1.2　環境政策

「3.1.1 環境問題が起こる背景」で挙げたような市場原理では解決できない問題に対応するため、国や地方自治体による環境政策が実施される。本項では、倉阪秀史『環境政策論』（2015）を参考に、主にどのような政策手法によって環境問題の解決がおこなわれるかを整理する[105]。

表 3.2 環境保全に関わる制度設計の諸原則

対策の段階に関する原則	
未然防止原則	環境への悪影響は、発生してから対応するのではなく、未然に予防すべきであるという原則
予防原則	不確実性をともなう事象に関する意思決定において、潜在的なリスクが存在するというしかるべき理由があり、しかしまだ科学的にその証拠が提示されない段階であっても、そのリスクを評価して予防的に対策を探るという原則
源流対策の原則	汚染物質や廃棄物を排出口において処理することよりも、源流において減らすことを優先すべきという原則
統合汚染回避管理の原則	環境影響は、大気、水、土壌などの環境媒体ごとではなく、すべての環境媒体について総合的に回避し、管理しようとする原則
対策の実施主体に関する原則	
汚染者負担原則	公害防止のために必要な対策を取り、汚された環境を元に戻すための費用は、汚染物質を出している者が負担すべきという原則
拡大生産者責任の原則	製品の生産時のみならず、消費後の環境負荷についても生産者に責任を負わせようとする原則
設計者責任の原則	拡大生産者責任の一般形として、製品のみならず、すべての人工物の設計者に対して、設計の際にその人工物のライフサイクルにわたる環境影響を考慮し、より環境影響の少ない設計とする責任を負わせようとする原則
政策の実施主体に関する原則	
協働原則	公共主体が政策をおこなう場合には、政策の企画、立案、実行の各段階において、政策に関連する民間の各主体の参加を得ておこなわなければならないという原則
補完性原則	民間主体と公共主体の間の役割分担や、地方自治体と中央政府との役割分担に関する原則。基礎的な行政単位で処理できる事柄はその行政単位に任せ、そうでない事柄に限って、より広域的な行政単位が処理すべきことという考え方

3

環境問題を巡る企業と社会の関わり

① **環境保全に関わる制度設計の諸原則**

　環境保全に関わる制度設計は、表 3.2 のように、対策の段階、対策の実施主体、政策の実施主体のそれぞれに関する諸原則に基づいて立案される。

② 環境政策の諸手法

　行政が取り得る環境政策の諸手法としては、計画的手法・環境基準、規制的手法、経済的手法、情報的手法、合意的手法・自主的アプローチ、支援的手法、事業的手法、調整的手法、が挙げられる。これらの政策手法に導かれ、第 4 章に示す環境問題解決の手法が企業によって導入される。

■計画的手法・環境基準　計画的手法とは、環境政策の目標と各主体の役割分担を設定し、その目標を達成するための手段を総合的に提示する手法である。計画的手法は、長期的・戦略的な対応を進める、施策の優先順位を設ける、多様な主体の役割分担を定める、という機能をもつ。例えば、環境省は環境基本法に基づき、環境行政を総合的・計画的に進めるための基本計画として環境基本計画を策定している。循環型社会の構築については、循環型社会形成推進基本計画が策定され、この計画に基づいて各種のリサイクル政策が運用されている。

　環境基準とは、人の健康を保護し、生活環境を保全する上で維持されることが望ましい環境上の条件を政府が定めるものである。環境基準は行政上の目標としての基準であり、事業活動に対してそれを達成すべき義務が直接的に課されるものではない。環境基準を達成するために、政府が規制的手法や経済的手法などの政策を採用するという関係にあり、環境基準の設定は計画的手法の一環として捉えることができる。環境基準は、大気汚染、水質汚濁、土壌汚染、騒音に対して定められている。

■規制的手法　規制的手法とは、罰則などの法的制裁措置をもって、一定の作為（あるいは不作為）を事業者（「事業者」には企業だけでなく事業主体としての行政組織なども含む）に義務付ける手法をいう。公害問題の時代から、環境政策の中心的手法として活用されている。規制的手法は、どの程度の具体性をもって一定の作為・不作為を義務付けるかによって、3 種類に細別できる。第一に、行動規制は、環境に影響を及ぼす行為について、具体的な行為の内容を指定して遵守させる方法である。例えば、自然公園の特別保護地区に工作物を建設する際に許可を求めるケースなどである。第二に、パフォーマンス規制

は、あらかじめ定められた程度の環境パフォーマンスを確保することを求める方法である。例えば、規制基準が設けられた大気汚染防止法や水質汚濁防止法などがこれにあたる。第三に、手続規制は、環境影響を及ぼす行為に関して、実施の際におこなうべき手続きの内容を定める方法である。定められた手続きをおこなった結果、どの程度の環境パフォーマンスが実現されるかについては、事業者の判断に委ねられている。例えば、環境影響評価法は、環境影響評価の実施のプロセスを定めているが、その結果と対応については事業者に判断が委ねられている。

■経済的手法　経済的手法とは、経済主体により選択可能な費用と便益に影響を及ぼすことによって、その経済主体によって環境保全について望ましい行動が選択されるように誘導する手法である。従来から採用されてきた規制的手法のみでは近年の環境問題の多様化に対応することが困難になってきたことから、近年では経済的手法はさまざまな形で用いられるようになっている。このうち、経済的助成措置は、対策を実施することに対して経済的に助成を与える措置である。経済的負担措置は、対策を実行しないことに対して経済的な負担を与える措置である。経済的手法の例としては、税・課徴金、預り金払い戻し制度／デポジット制度、排出量取引制度、固定価格買取制度、補助金、税制優遇、金融面での優遇などの手法がある。

■情報的手法　情報的手法とは、ターゲットの環境情報がほかの主体に伝わる仕組みにより、事業者によって一定の作為（あるいは不作為）が選択されるよう誘導する手法である。事業者に対して環境情報に関する説明責任を求め、みえる化で社会的圧力をかけることによって、事業者に環境保全上望ましい行動に誘導する。各事業者の環境負荷を比較可能にすれば、対策を講じている事業者とそうでない事業者の差別化につながり、市場取引の各場面で環境への取り組みを考慮できるようになる。例えば、ESG 投資において、高い環境配慮の取り組みをおこなっている企業が評価されるようになる。製品の環境影響についての情報が適切に伝達されるようになれば、消費者は製品の選択の際に価格だけでなく環境特性も考慮できるようになる。政策主体にとっては、政策手法のベースとなる情報を得ることができる。政府は各種情報公開手法に対してガ

3

環境問題を巡る企業と社会の関わり

イドラインを策定し、事業者が適切に情報公開することを支援している。

　情報的手法には事業活動に関する環境情報と、製品に関する環境情報の公開がある。事業活動に関する情報の公開には、各種規制法における情報公開義務、環境会計、マテリアルフローコスト会計、環境報告書、などがある。製品に関する環境情報には、各種規制法における情報公開義務、環境ラベル、などがある。環境情報のコミュニケーションについては、「4.9 環境コミュニケーション」において詳述する。

■合意的手法・自主的アプローチ　合意的手法とは、事業者がどのような行動をおこなうのかについて、行政と事業者が事前に合意することを通じて、その実行を求める手段である。合意するか否かは事業者の自由意志に委ねられるが、ひとたび合意された場合、合意内容を実行する責任・責務が事業者に生じる。この責任・責務は、合意の形式によっては、民事上の契約の履行責任となる場合がある。合意的手法には、公害防止協定などがある。自主的アプローチとは、事業者が自主的に環境改善計画を誓約する方法である。環境マネジメントシステム（Environmental Management System ：EMS）などがこれにあたる。環境マネジメントシステムについては、「4.1 環境マネジメントシステム」において詳述する。

■支援的手法　支援的手法とは、事業者が問題の所在に気づいて何をすべきかを知り、一定の作為（あるいは不作為）を自発的に選択することを目的として、事業者の自発的な行動を側面から支援する手法である。具体的には、環境教育・学習、普及啓発の推進、民間活動の支援（自主的な取り組みの奨励、施設の整備、指導者の育成、資金の確保など）、民間団体の育成、などがある。

■事業的手法　事業的手法とは、国や地方自治体が予算を用いて、環境の保全に関する一定の財やサービスを提供する事業をおこなう、あるいは一定の財やサービスを購入する手法である。事業的手法は、行政主体の事業者としての側面を活用する手法である。企業が事業をおこなう場合と比較し、収益が発生する事業のみならず収益が発生しない事業も実施できることや、大きな事業規模で経済全体に大きな影響を及ぼすことができるなどの特徴がある。具体的に

は、公共的施設（ハード）の整備（下水道・廃棄物処理施設の整備など）、公共的サービスの提供（森林整備など）、科学技術の振興（国立研究所の運営など）、財・サービスなどの購入（グリーン調達など）がある。

■調整的手法　調整的手法とは、環境保全に関して発生した問題について調整する手法である。環境政策は未然防止を原則としておこなわれるが、環境問題が発生した場合の事後的な対応として調整的手法が講じられる。調整的手法には、紛争処理、被害者救済、公用負担（公的事業主体が事業を実施した場合にその事業費の全部または一部を民間主体に強制的に負担させること）、の 3 種類がある。

3.2　社会的ステークホルダー

　本節では、環境問題に関する代表的な社会的ステークホルダーである市民、NGO、メディア、政党の特徴について述べる。

3.2.1　市民の意識

　環境問題に対する市民の認識は、近年高まる傾向にある。各種の世論調査の結果をみると、環境問題への認識は多くの市民に共有されるようになっていることがわかる。特に地球温暖化問題に関しては、ほとんどの市民が認識しており、多くが自分の行動の変化につなげようとしている。

　内閣府の『気候変動に関する世論調査』（2020 年）によると、91.9 % の人が脱炭素社会の実現に向けて「取り組みたい」と回答している[106]。新たに取り組んでみたい行動を複数回答で聞いたところ、「地球温暖化への対策に取り組む企業の商品の購入」が 30.1 %、「電気自動車（EV）などエコカーの選択」が 24.1 %、「省エネ効果の高い家電製品を購入」が 22.2 % だった。

　ごみ問題についても市民の関心が高い。環境省が実施した『環境問題に関する世論調査（令和元年 8 月調査）』（2019 年）によると、海洋プラスチックごみなどのプラスチックごみ問題に関心があるか聞いたところ、89.0 % の人が「関心がある」と答えている[107]。約 50 % の人が「お弁当で使う使い捨て小

わけ用容器や飾り」や「レジ袋」などが過剰であると考えており、「マイバッグを持参するなど、できる限りレジ袋を受け取らない」(56.3 %) など、問題解決に対して自ら行動を起こそうとしている。

　環境配慮製品に関心をもっている市民も多い。コンサルティング会社のボストンコンサルティンググループが 2021 年に実施した消費者調査によると、「気候変動／環境問題のために今後の買い物で環境に負荷をかけない商品を選びたいか」という質問に対し、74 % の消費者が「そう思う」と回答している[108]。また、25 〜 30 % の消費者が「値段が多少高くても、または値段は気にせず、環境負荷の低い商品を選ぶ」と回答している。また、その価格幅については、4 割強の消費者が「+20 % 以上支払ってもよい」と回答している。

　このように現在では環境問題に対する意識は国民生活に根差しており、市民は省エネ、省資源、リサイクル、環境配慮製品の購入、さらには太陽光発電の導入など、具体的な環境配慮の行動様式を取ることが特別なことではなくなっている。いわば環境問題への関心は社会のメインストリームになっている。

3.2.2　環境 NGO

　NGO（非政府組織：Non–Governmental Organization）は、地球環境問題において独自の影響力をもっているステークホルダーである。世界の NGO の数は正確に把握されていないが、国際的な NGO は 2 万団体以上存在するといわれる。各国の国内で活動している NGO となると数十万にはのぼると想定されている。そのかなりの割合で環境に関わる環境 NGO が存在するとみられている。なお、日本では一般的に国内で活動している団体を NPO（非営利団体：Non Profit Organization）とよび、国際的な活動をしている団体を NGO とよぶケースが多いが、実質的には類似の言葉である。

　NGO の活動は多種多様である。例えば、活動内容からみた分類としては、政策提言型、研究型、作業活動型、またはその混合型がある。活動領域からみた分類としては、地域活動型、全国活動型、数か国活動型がある。資金源も多種多様であり、自立型（会費や収益活動などで自立活動）、基金依存型（公益基金などの支援に依存）、団体依存型（消費者団体、労働団体などに依存）、政府

依存型（政府の外郭団体など）がある[109]。大規模な国際 NGO は数百億円の予算と数百万人の会員、数百人の専門家・専従スタッフを抱えている。例えば、World Wide Fund for Nature（世界自然保護基金：WWF）は、世界 80 か国以上に拠点を置き、約 500 万人からの寄付・会費などで活動がまかなわれ予算規模は約 3.5 億ドルにのぼる。日本の拠点である WWF ジャパンでは 70 人以上の職員を抱えている。

　歴史があり多数の専門家を抱えている大規模 NGO はメディア戦略や啓発活動に長けており、メディア露出、イベント開催、デモ、訴訟などのさまざまな活動で世論を動かす力をもっている。NGO による企業に対するアプローチ方法は次のようなものがある[110]。

■啓発　啓発活動により、企業の行動をただすという方法である。多国籍企業が引き起こす人権侵害や環境破壊の実態を独自に調査し報告書として取りまとめ、国際社会に発信する。公表することでメディアの注目を集め、世論を喚起し、企業の責任を追及しようとする。また、独自の調査に基づき啓発キャンペーンをおこなう。

■対峙　人権や環境への影響などの事実関係が公表されても企業が問題に取り組む姿勢をみせない場合、NGO はデモ、不買運動、訴訟などで企業と直接対峙する戦略を取る。消費者や投資家、株主を通して企業に影響を与える戦術もある。

■協働　企業と対峙するだけでなく、企業と協働しながら行動基準を開発するなど、企業や業界団体がその社会的責任を果たすことができるような働きかけをおこなう NGO もある。例えば、WWF などの環境 NGO の主導で設立された森林管理協会（Forest Stewardship Council：FSC）が運用する FSC 認証では、森林保護に配慮した木材に認証を与えることによって、企業や消費者の行動を環境に配慮したものに誘導しようとしている。

　国際環境 NGO は、それぞれの国の中で政府の意思決定に影響を及ぼすとともに、国家という枠を超えてほかの国の環境 NGO と連携し、国際的な交渉の

3

環境問題を巡る企業と社会の関わり

場で影響を及ぼす。地球環境問題は国境を越えるという特徴があり、国家を単位とする現在の国際体系の枠組みを超えたアプローチが必要となる。国際環境NGO の越的活動は、その代替的なアプローチと考えられている。地球環境問題では、どの国も自国に大きな負担となるような環境対策には消極的になるため、国と対等に交渉する立場で国際環境 NGO が交渉過程に影響を及ぼすことは重要な意義がある[1]。

　国際環境 NGO のみでなく、日本国内ではさまざまな NPO が環境に関する活動をおこなっている。近年では多様な活動様式で行政・企業と協働をおこないながら、地域の中でリサイクル・地球温暖化対策・自然保護・環境教育など環境問題解決を目指す活動事例が増えている。日本で NPO を中心とする市民活動が活発化したのは、1998 年に特定非営利活動促進法（NPO 法）が制定され、NPO が法人格をもって活動できることが明確化された頃からである。内閣府のデータベースによると、2021 年時点で環境の保全に関わる活動をおこなっている NPO は全国に約 15,000 団体 存在する[111]。

3.2.3　メディア

　メディアは、環境問題についての市民の認識を浸透させる役割をもっている。市民にとって環境問題に関する情報源はほとんどがメディアによるものである。国立環境研究所『環境意識に関する世論調査報告書』（2016 年）によると、市民が地球温暖化について知る情報源は、90.9 ％ がテレビ、65.2 ％ が新聞、18.1 ％ が雑誌、となっている。企業はメディアの動向をよく観察し、世論に対応した環境戦略を練る必要がある[112]。

　メディアの役割で最も重要なものが「議題（アジェンダ）設定効果」である[62]。メディアは、社会におけるアジェンダ（判断が必要な問題）の重要度に影響を与えるという考え方である。環境問題は、メディアで取り上げられることで初めて社会の中で問題として気づかれることが多い。社会で重要と判断されたニュースほど、テレビニュースでは先に伝えられ、より長い時間が割かれる。新聞報道では、1 面などの目につきやすい場所で大きく取り上げられる。相対的に強調された特定の争点やトピックをもとに市民は社会で起きてい

る争点を認識する。このようにマスメディアがつけた争点の重要度が受け手の認知に影響を与える。また、アジェンダ設定効果と並ぶメディアの効果として、「培養効果」というものがある。テレビに長時間、反復的に接触することによって、テレビに提示される現実描写や価値観が市民の認識に影響を与えるという理論である。

　メディアの環境問題への関心は移ろいやすいもので、潮流や流行がある。問題の解決とは関係なく、時期が過ぎれば別問題へと着目が移行する。また、環境問題についての報道量には変動があり、着目される時期と着目されない時期が存在する。報道量が変化したからといって環境問題がその時期に悪化したり改善したりということではなく、事故、イベント、デモなどを契機として報道が盛り上がることが多い。メディア論における各種の研究では、「環境問題の報道量」と「人々の環境問題の認知」は相関をもっていることがわかっており、報道量の増加にともなって「環境問題は重要だ」「環境は悪くなっている」「環境問題を解決すべきだ」と考える人が増加する。環境問題はメディアによって原因やメカニズムなどが報じられ、最終的に政治的議題となり、その対策へと注目が移行する。

　地球温暖化や有害物質汚染などの環境問題はそれ自体直接観察できず、何らかの映像や画像がなければ人々に訴求することが難しいため、報道ではわかりやすいアイコンを用いて表現されることが多い。例えば、地球温暖化においてはシロクマ、生物多様性においてはイルカやパンダ、里山保全においてはホタル、森林保護においてはマングローブ、海洋プラスチックにおいてはウミガメなどが、それぞれの環境問題のアイコンとして用いられる傾向にある。市民が地球温暖化を理解する際には、専門的なデータを示す図表などよりもシロクマなどのアイコンの方が重要であることを分析した研究が存在する[113]。市民が環境問題を理解するにあたっては、必ずしも科学的に正確な描写や間違いない情報が重要とは限らず、人々の頭の中にあるステレオタイプ的な環境問題のイメージを前提としたアイコンや図像が影響力をもっている。

　メディアの報道は市民の意識変化だけではなく、行政官、政治家、企業の担当者などが環境問題についてのニュースに接することによって、政策や企業活動に影響を与える。政策的影響においては、報道量の過多が必ずしも重要なわ

3

環境問題を巡る企業と社会の関わり

けではなく、少ない報道量であっても関係する政策決定者やその関係者に問題の重要性を認識させ、あるいはイメージを変化させ、アジェンダ設定や態度変化を促す。また、メディアにおける報道量が少なかったとしても、市場関係者に対する影響力は大きい。ある企業に関してマイナスの問題が報じられた場合には、その企業の株価が下がるなどで市場に直接的な影響を与える。このためメディアの影響力は、企業に対し環境問題を回避させる抑止力として働く。

3.2.4　政党

　立法府における政策決定は、政党政治のもとでおこなわれる。ここでは、日本のほか、国際政治に影響を与えるヨーロッパとアメリカの政党政治の状況についても触れる。

① 日本

　日本では各種の環境問題に対して、長期政権与党の自由民主党がその時々の世論や野党の主張を取り込み、または国際社会の動向に柔軟に対応して政策を立案してきた。日本では 1955 年以降、一部の時期（1993〜1994 年の日本新党などの連立内閣、2009〜2012 年の民主党内閣）を除いては自民党を中核与党とする長期政権が続いてきた。政治（自民党）、官僚（省庁）、財界（大企業）が結びついた政官財三位一体の政治構造によって政策決定がおこなわれているため、政策は財界の意向と大きなブレが生じないような仕組みとなっている。環境政策については、自民党が世論と財界の意向のバランスを取りながら大枠の方向性を決め、省庁が法規制などの具体的な仕組みを作る。国民の声を取り入れるという観点からは、個別のテーマで学者、利益団体、有識者などで構成される諮問機関である審議会（中央環境審議会など）で議論がおこなわれ、それを反映した政策立案がおこなわれる。

　政権与党としての自民党の内部では、派閥政治を反映した首相交代を通じて疑似政権交代を実演し、経済成長を著しく損なわない範囲内で、環境政策の導入・強化がおこなわれてきた[59]。このため、他国と比べて環境問題が政治的な対立の中心となるケースは少なかった。日本では公害問題や地球温暖化問題

などの環境問題は解決すべき社会課題としておおむね国民全体のコンセンサスが得られており、票になりにくい問題でもあるため、国政選挙においては大きな争点となりにくい。環境問題に対するスタンスは与野党間で大きな差はみられず、近年では与野党ともに環境産業を成長産業として位置づけた政策を主張するようになっている。なお、日本では「緑」や「みどり」を冠する環境政党は何度か現れているものの、国政選挙で党としての議席を得ることはできていない。日本の小選挙区制度のもとでは、単独の政策論点を主張する小政党は議席を獲得しづらいという選挙制度上の仕組みが背景にある[114]。

　廃棄物処分場などの地域における「迷惑施設」の問題、いわゆる NIMBY 問題になると、環境問題が地方政治における争点となるケースがある。近年では、太陽光発電や風力発電などの再生可能エネルギー施設であっても、迷惑施設とみなされ、反対運動につながるケースが起きている。この場合、特に野党などが「迷惑施設」に反対する住民に寄り添い、議会などで争点化するという形になる。再生可能エネルギーやリサイクルに関しては国政の場では推進であっても、地方政治においては野党などが個別の事業に対して反対するという「総論賛成各論反対」の議論となるケースが起きている。

②　ヨーロッパ

　国際政治の場では、各国の政治状況が環境への対応に影響を与える。EU は従来から、地球温暖化を巡る国際政治において世界をリードしてきた。欧州議会は 2019 年、世界を先導する気候変動対策として、2050 年に温室効果ガス排出量をネットゼロとする「欧州グリーン・ディール」を政策目標に掲げた。2030 年時点で温室効果ガス排出量 1990 年比 55 ％ 削減、再生可能エネルギー比率 40 ％、エネルギー需要削減 36 ％ を目標に掲げている。EU は域内政治の積極的な温暖化対策を背景に、地球温暖化を巡る国際交渉をリードしている。京都議定書やパリ協定といった国際交渉の場において、他国にも高い温室効果ガス削減目標を設定するように求め、国際社会において高いプレゼンスを保持してきた。

　EU が地球温暖化対策に積極的な姿勢を取る背景には、産業政策としての側面がある。新型コロナウイルス（COVID–19）からの経済回復を環境産業に託

3

環境問題を巡る企業と社会の関わり

す EU の経済政策「グリーン・リカバリー」では、2030 年までに 1 兆ユーロ
を環境分野に投資する計画としている。また、EU へ輸出をおこなう域外企業
が EU と同レベルの炭素価格の負担をおこなっていない場合に課税する「国境
炭素税」が 2026 年から導入される。これには、EU 域内の産業と雇用を守ろ
うとする目的がある。

　また別の背景には、環境政党のプレゼンスがある。環境政党である緑の党は
EU の中で一定の勢力をもっており、2019 年の欧州議会選挙では主要 3 会派
に続き第 4 会派の 74 議席（751 議席中）を得て躍進した。背景には、ヨーロッ
パ全体での環境重視の世論の高まりがある。特に EU 内で環境政策をリード
しているドイツでは緑の党が 1980 年代以降一定の勢力を保持しており、連立政
権に入り政権与党となることもある。緑の党の躍進には、ヨーロッパ全体での
極右政党の伸張に対する対抗軸としての期待も背景にあるとみられている。既
成政党への不満の高まりが、一方では極右政党に向き、一方ではその対抗軸と
しての緑の党に向いているという見方である。

③ アメリカ

　アメリカの環境政策は民主党と共和党という 2 大政党制のもとで、これまで
揺れ動いてきた。アメリカでは大統領交代の度に地球温暖化に関する政策が極
端に変化し、国際社会でのプレゼンスが変化する。地球温暖化を巡る政策スタ
ンスは民主党と共和党で明確に異なる。民主党は地球温暖化対策に積極的であ
る一方、共和党は消極的であるという形で、アメリカ内において地球温暖化問
題は明確な政治争点となっている。2017 年 1 月に共和党のドナルド・トラン
プが大統領に就任すると、同年 6 月にパリ協定からの離脱を表明した。これに
より、アメリカは温室効果ガス排出量が中国に次ぐ世界 2 位でもあるにも関
わらず、地球温暖化対策の国際交渉におけるプレゼンスは大きく低下すること
となった。その後、2021 年 1 月に民主党のジョー・バイデン大統領に政権交
代すると、アメリカは即日パリ協定への復帰を決め、地球温暖化対策で世界を
リードする方針を掲げた。

　アメリカでは、経済界や州政府は合衆国政府における党派対立での大きな振
れ幅に翻弄されている。ただし、トランプ大統領のもとでの合衆国政府の消極

的な政策にも関わらず、経済界や州政府レベルでは、地球温暖化対策推進の流れは止まっているわけではなかった。トランプ政権のパリ協定離脱に反対し、積極的な地球温暖化対策を進めると宣言する組織である「We Are Still in」という組織には多数の都市、州、企業、投資会社、大学などが参加した。州としてはカリフォルニア州、ニューヨーク州、ワシントン州など、企業ではアップル、イーベイ、グーグル、ナイキなどのグローバル企業が名を連ねて、トランプ政権下においても地球温暖化対策推進の動きを継続した。

3.3　国際社会

3.3.1　環境問題は国境を超える

　多くの環境問題は、影響範囲が国や地域の単位で収まるわけではなく、国境を越えて他国にも影響を与える。地球環境問題は、その原因を生じさせている加害国と、問題が生じることによって被害を受ける被害国との関係性から、表3.3のように分類される[1]。

　「一国が他国に影響を及ぼす問題」は、加害国と被害国が明確にわけられる問題である。原因となる物質が国境を越える越境問題、あるいは貿易などを通じてある国の活動が他国の環境に影響を及ぼす問題であり、例えば国際河川の汚染、酸性雨、有害廃棄物の越境移動などが該当する。

　「多くの国が多くの国に影響を及ぼすタイプの問題」は、地球上のすべての国あるいは複数の国が、同時に加害国でもあり被害国でもある問題である。地球の多数の国が原因を生み出し、その影響が地球全体に及ぶ問題であり、気候変動やオゾン層破壊などがこれに該当する。

　「一国（地域）内の問題」は、従来型の国内の公害あるいは自然破壊であるが、解決のために国際的な協力が必要とされる問題である。途上国における貧困や急激な経済発展から生じている環境問題が該当する。例えば、途上国での自然破壊は先進国が途上国の資源を大量消費することが原因となっているなど、サプライチェーンの中で引き起こされる環境問題である。過剰な森林伐採や、生産コストを低く抑えるために途上国で引き起こされる公害輸出などがこ

表 3.3　地球環境問題の分類

	一国が他国に影響を及ぼすタイプの問題	多くの国が多くの国に影響を及ぼすタイプの問題	一国（地域）内の問題
自然保護に関する問題	他国の企業・個人による自然資源の乱獲	生物多様性一般の保護	限られた範囲にした存在しない生物（パンダ、アフリカゾウなど）の保護
人類・動植物が生存するための環境の質に関する問題	酸性雨、国際河川の汚濁	気候変動、オゾン層破壊、海洋汚染	途上国内での公害
途上国あるいは地球全体の財産に関する問題	途上国への有害物質の輸出	南極の環境保全	不適切な農業活動などによる砂漠化

出典：『新・地球環境政策』（亀山康子、2010 年）

れに該当する。

　環境問題は発生源ではローカル（またはリージョナル）な問題であったとしても、影響は国境を越える。酸性雨は、火力発電、工場、自動車などの化石燃料の排ガスに含まれる二酸化硫黄（SO_2）や窒素酸化物（NO_x）が原因となる。発生はローカルな活動によるものであるが、酸性雨の影響は発生地周辺のみならず広く拡散され、国境を越える。河川の汚染は、島国の日本ではローカルな問題として解決するが、アジア、アフリカ、ヨーロッパなどの国境が複雑な地域では国際問題となる。海洋に流れ出た河川汚染は、最終的に海洋汚染というグローバルな問題になる。地球温暖化問題を引き起こす温室効果ガスはあらゆる人間活動から排出されるため発生源はローカルであるが、影響は地球全体に及ぶ。個々の機器から排出されるフロンは、オゾン層破壊という形で地球全体の環境を変える。廃棄物によるごみ問題はローカルに発生するが、不法投棄は海洋ごみとして他国の海洋も汚染する。製品製造のサプライチェーンにおける資源利用は、川上側で他国の自然環境を破壊するという形で、グローバルな問題となり得る。

3.3.2 国際的な合意の仕組み

　ローカルな活動が最終的にはグローバルな地球環境問題を引き起こすため、環境問題の解決には国際協調が必要となる。地球環境が国際公共財であるために起こるフリーライダーの問題を防ぐために、各国の意思決定をしばる必要がある。このため国際社会は、条約、議定書、ソフト・ローなどの多国間の合意によって主権国家の行動を拘束することで、地球環境問題へのグローバルな対応を実現してきた。地球環境問題は、すべての国にとって直接的あるいは間接的に被害を及ぼす。それを防ぐためにほかの国と協力して取り組むことが各国にとって利益となるため、国際協調が合理的な選択となる。

　地球環境問題において国際的な合意を作り出すプロセスで一定の規範やルールが取り決められる場合、規範やルールの体系を地球環境レジームという言葉で表現する[115],[116]。地球環境レジームとは、国際社会において、原理、規範、ルール、手続きが国際関係の一定の領域で収斂している枠組みとされる。地球環境レジームにおける多国間合意の形成プロセスをみると、一般に枠組条約と議定書（または協定）の組み合わせが一定の法形式として使われている。例えば、オゾン層保護に関してはウィーン条約（1985年）とモントリオール議定書（1987年）、地球温暖化問題に関しては気候変動枠組条約（1992年）と京都議定書（1997年）およびパリ協定（2015年）といったようなものがある。グローバルな規制を目的とする地球環境関連の条約においては、まず一般的・抽象的な規定から構成される枠組条約が締結され、次いでその内容を具体化するための議定書が締結されるという二段階のステップが踏まれる。二段階とする理由としては、地球環境問題の重要性についての認識とそれに対する各国の政治的コミットメントを単一の条約で包括することが困難であり段階的な手順を踏む必要があること、科学的な知見の程度が時間とともに変化するために弾力性を確保しておく必要があること、具体化のために国ごとの特殊事情を考慮する必要があること、などが挙げられる。

　地球環境レジームの形成プロセスには、国家、国際機関、NGO、企業・産業界、科学者などが関わり、これらのステークホルダーが地球環境問題のアジェ

3

環境問題を巡る企業と社会の関わり

ンダを設定し、レジーム形成の主体となる。国家の行動には国内の政治要因が
深く関わっており、地球環境レジームの形成において、国家は主導国、支持国、
態度保留国、拒否国の 4 つの立場を取り得る。アジェンダ設定の役割を果たし
ているのは国連環境計画（UNEP）に代表される国際機関である。近年では、
NGO も地球環境レジームの形成において独自の役割を果たすようになってい
る。大規模な国際環境 NGO は地球環境問題に関する専門的な知識をもってい
るだけでなく、国家的な利害を超えて行動し、ときには自国の環境政策の転換
に影響を与える。企業・産業界は、自らの利益をレジーム形成に反映させるよ
うに行動する。例えば、交渉中のアジェンダ設定を企業・産業界の利益になる
ような形にすることや、資金を使ってロビー活動を使うことでレジームに対し
てある特定の立場を取るように政府に働きかける。近年では、企業・産業界は
環境問題解決に対しての抵抗勢力としてふるまうだけでなく、解決に向けてよ
り積極的に役割を果たそうという動きが強くなっている。地球環境問題の国際
会議には企業・産業界がオブザーバーとして参加するようになり、環境 NGO
と企業・産業界は、ときに対立、時に協力しつつ政府間交渉に影響を与えてい
る[1]。

　地球環境レジームの形成は、科学による知見が起点となる。まずは科学者が
集まる場での情報提供や、モニタリングなどのデータ分析がおこなわれる。そ
の結果、ある状態が問題であるということが科学者によって示され、政策決定
者が対策を議論し始める。例えば、地球温暖化問題においては、地球温暖化の
観測・予測データを検証する IPCC が公表する報告書がアジェンダ設定に強い
影響力をもっている。

　条約や議定書が採択され、各国で批准手続きがおこなわれると、条約や議定
書の内容は各国の政策において具体化される。各種の条約・議定書に対応した
日本の主な法律などは 表 3.4 の通りである。企業は国内の制度に基づいて行
動の変革をおこなう必要が出てくる。国内の政策に落とし込まれる場合に取り
得る政策オプションは、「3.1.2 環境政策」 に示した通りである。

表 3.4　地球環境関連条約・議定書に対応する日本国内の法律など

環境問題	条約・議定書	対応する日本国内の法律など
地球温暖化	気候変動枠組条約、京都議定書	地球温暖化対策の推進に関する法律（地球温暖化対策推進法）
	パリ協定	地球温暖化対策計画
生物多様性	生物多様性条約	生物多様性基本法
	カタルヘナ条約	遺伝子組換え生物等の使用等の規制による生物の多様性の確保に関する法律（カルタヘナ法）
	名古屋議定書	生物多様性国家戦略
オゾン層	オゾン層保護ウィーン条約	特定物質等の規制等によるオゾン層の保護に関する法律（オゾン層保護法）
	モントリオール議定書（オゾン層を破壊する物質に関するモントリオール議定書）	特定製品に係るフロン類の回収及び破壊の実施の確保等に関する法律（フロン回収・破壊法）（2013年フロン排出抑制法へ改正）
廃棄物	ロンドン条約	廃棄物の処理及び清掃に関する法律（廃棄物処理法）、海洋汚染等及び海上災害の防止に関する法律
	バーゼル条約	特定有害廃棄物等の輸出入等の規制に関する法律（バーゼル法）
化学物質	ロッテルダム条約	化学物質の審査及び製造等の規制に関する法律（化審法）、特定化学物質の環境への排出量の把握等及び管理の改善の促進に関する法律（化管法）
野生生物	ワシントン条約	絶滅のおそれのある野生動植物の種の保存に関する法律
	ラムサール条約	＜自然公園法、鳥獣保護法、種の保存法、河川法などによって、その場所での行為を規制することで自然の保全を担保＞

3

環境問題を巡る企業と社会の関わり

3.4　本章のまとめ

環境問題が起こる背景には、公共財とフリーライダー、コモンズの悲劇、外部不経済、といった環境問題の各主体が利己的にふるまうこと

で発生する市場の失敗がある。これを防ぐために、環境政策が必要となる。

環境政策の諸手法として、計画的手法・環境基準、規制的手法、経済的手法、情報的手法、合意的手法・自主的アプローチ、支援的手法、事業的手法、調整的手法、がある。

多くの環境問題は、影響範囲が国や地域の単位で収まるわけではなく、国境を越えて他国にも影響を与える。ローカルな活動が最終的にはグローバルな地球環境問題を引き起こすため、環境問題の解決には国際協調が必要となる。地球環境レジームのもとで採択された条約や議定書の内容は、各国の政策において具体化される。

演習1

環境問題が起こる背景である「公共財としての環境」「コモンズの悲劇」「外部不経済」のような市場の失敗を回避するための仕組みが、環境政策や国際的な合意にどのように織り込まれているか考えなさい。

演習2

社会的ステークホルダーとの関わりの中で、企業が行動を変化させた事例を調べなさい。

第4章　環境問題解決の手法

　本章では、環境問題を解決するにあたって企業が取り得る具体的な手法（ツール）の概要を述べる。表 4.1 に示す 11 の手法について概説する。表中には、「2.2.1 環境への取り組み手段」に示した企業による環境への取り組み手段である、①事業活動における自らの環境負荷削減、②環境負荷の低い製品・サービスの提供、③環境事業への投資・運営、④環境技術の開発、のそれぞれとのつながりも示した。

表 4.1　環境への取り組み手段と環境問題解決の手法の関係

	①事業活動における自らの環境負荷削減	②環境負荷の低い製品・サービスの提供	③環境事業への投資・運営	④環境技術の開発
環境マネジメントシステム	○			
環境アセスメント	○			
公害対策	○			○
資源循環	○	○	○	○
再生可能エネルギー	○	○	○	○
省エネルギー	○	○	○	○
ライフサイクルアセスメント	○	○		○
環境に配慮した製品開発	○	○		○
環境コミュニケーション	○	○		
環境価値取引	○	○	○	
地球温暖化適応策	○	○	○	○

4.1 **環境マネジメントシステム**

4.1.1　環境マネジメントシステムの概要

　環境マネジメントシステム（Environmental Management System：EMS）は、事業活動に環境への対応を組み込むための組織的手法である。環境マネジメント（または環境管理ともいう）は、組織が自主的に経営における環境に関する方針や目標を設定し、その達成に向けて取り組んでいく手法である。購買・製造・物流・販売などの生産ラインから、資金調達・投資・人事などの活動に至るまで環境の視点を持ち込み、環境保全と経営の両立を図ることがその活動内容になる。このための本社、工場、事業所内での体制構築や取り組みを環境マネジメントシステムという。

　環境マネジメントシステムは、経営層が設定する環境方針にしたがって環境管理計画を策定、実行、監査し、監査結果が経営層にフィードバックされて次の管理計画の策定に反映され、継続的な改善を図る、という仕組みである。一定に規格に則って環境マネジメントシステムを構築した工場や事業所は認証を取得できる。代表的な環境マネジメントシステムの認証制度としては、国際規格の ISO14001 がある。ただし、ISO14001 に則った環境マネジメントシステムを構築し認証を取得することは、中小企業などにとっては費用や工数などの負担が重く、認証取得が困難であることが指摘されている。このため、日本では中小企業でも取り組みやすい規格として、環境省が策定したエコアクション21、一般社団法人エコステージ協会によるエコステージ、特定非営利活動法人 KES 環境機構による KES（京都・環境マネジメントシステム・スタンダード）、などの認証制度が作られている [59]。現在では、多くの企業が環境マネジメントシステムの認証を取得している。ISO14001 は約 16,000 組織（2020年 5 月現在）、エコアクション 21 は約 7,900 組織（2018 年 1 月現在）、エコステージは約 600 組織（2020 年 5 月現在）、KES は約 5,000 組織（2020 年 4 月現在）が認証・登録を受けている。

4.1.2　認証取得に取り組むメリット

環境マネジメントシステムの認証取得に取り組むメリットには、以下に示すものがある。

■顧客からの信頼獲得　認証を取得していることは、顧客の信頼を獲得し、取引の機会を増やすことにつながる。企業は、顧客や取引先から環境配慮を求められることが増えているため、認証取得はその対応方法の 1 つとなる。また、顧客や取引先から認証取得を求められるケースや、認証取得が公共事業の入札の参加要件となっているケースもある。

■社会からの信頼獲得　認証を取得していることは、企業として業務プロセスを適切に管理し、環境対応に取り組んでいることを社会に示すことができ、企業イメージ向上につながる。

■客観的指標の確立　認証取得の過程で環境目標の客観的指標を確立し、それに対して定期的に第三者の審査を受けることで、環境対応が適切におこなわれていることを自己確認できる。また、審査対応のプロセスの中で、環境データの収集や目標への到達度を確認する仕組みを社内に構築できる。

■企業文化の構築　部門横断で環境対応と認証取得に取り組むことで、環境配慮の企業文化を構築できる。また、環境問題へ対応する経営者の姿勢を社内に浸透させることができる。

■コスト・リスクのコントロール　認証取得の過程でエネルギー・資源消費量や廃棄物排出量などを確認し、その改善を実施していくことで、エネルギー・資源・廃棄物処理のコスト削減につなげることができる。また、環境関連法に適切に対応しているかを見直すことで、法令対応リスクを低減できる。さらに、顕在化していない環境リスクをいち早く発見する機会となる。

4.1.3　ISO14001 の要求事項

　ここでは、事例として ISO14001 の要求事項を示す。ISO14001 は、環境マネジメントシステムの仕様を定めた国際的な標準規格であり、事業活動が環境に及ぼす影響を最小限に抑えることを目的としている。ISO14001 は、PDCAによる継続的改善を取り入れている点と、環境目的・目標、環境パフォーマンスなどの具体的内容を組織が自ら定める点が特徴となっている[117]。PDCAとは、①組織の環境方針に沿った結果を出すために必要な目的・プロセスを設定する（Plan）⇒②それを実施・運用する（Do）⇒③結果を報告する（Check）⇒④パフォーマンスを継続的に改善するための措置を取る（Act）⇒①に戻り再度計画を立てる、というサイクルを回していく仕組みである。

　ISO14001 には、規格に沿って環境マネジメントシステムを構築する際に守るべき事項が盛り込まれている。方針の策定などに最高経営層の責任のある関与が求められており、トップダウン型の管理が想定されている。ISO14001 の主要な要求事項は、次のようなものとなっている。

■組織の状況　環境マネジメントシステムの意図した成果の達成に影響を与える外部および内部の課題を特定する。同時に、利害関係者（顧客、地域、サプライヤー、NPO など）のニーズを把握する。さらに、環境マネジメントシステムの適用範囲を定めるため、その境界および適用可能性を決定する。その上で、規格の要求事項にしたがい、環境マネジメントシステムを確立、実施、維持し、継続的に改善をおこなう。

■リーダーシップ　最高レベルでの組織の指示、コントロールをおこなうトップマネジメントの役割が重要である。トップマネジメントは、マネジメントシステムに大きく関与していることを証明し、組織の状況に合わせた環境方針を構築する。

■計画　「組織の状況」で特定されたリスクと機会に対応する組織の取り組みについて、計画を策定する。環境目標および、それを達成するための計画策定をおこなう。

■支援　コントロールのもとで働いている人々が環境方針を認識し、遵守義務を果たし、適切な訓練を受けられるための支援をおこなう。

■運用　取り組みを実施するために必要なプロセスに関する運用基準を設定し、その運用基準にしたがったプロセスの管理を実施する。ライフサイクルの視点にしたがって、川上・川下で発生する環境影響についても検討をおこなう。

■パフォーマンス評価　環境マネジメントシステムが効果的かどうか、また継続的な改善の手助けになっているかを確かめるため、環境パフォーマンスを監視、測定、分析、評価する。

■改善　環境マネジメントシステムの継続的な改善のための機会を特定する。不適合が発生した場合には、適切な対応をおこなう必要がある。

4.2　環境アセスメント

4.2.1　開発と環境アセスメント

　環境アセスメント（環境影響評価）は、大規模工場、ダム、道路、発電所、廃棄物処分場などの大規模開発事業にともなって引き起こされる環境破壊の防止を計画段階で担保する制度である。事業者（事業者には企業だけでなく、事業主体としての行政組織なども含む）が開発事業の計画段階で、①事業が環境にどのような影響を及ぼすかについてあらかじめ調査・予測・評価をおこない、②その結果を公表して市民、地方自治体などから意見を聞き、③それらを踏まえて環境の保全の観点からよりよい事業を作り上げる、という手続きとなる。環境アセスメントを経ることで、事業者は開発計画を環境負荷の少ないものに変更していく機会を得る。また、行政や地域住民の声を取り込むプロセスがあることで、地域社会の意見を計画に取り込む機会を得る。

　日本では、1997年に環境影響評価法（環境アセスメント法）が制定され、また各地方自治体においても環境影響評価条例が存在し、一定規模以上の開発事業であれば、環境アセスメントを実施することが事業者に義務付けられている。「1.3 環境問題の歴史における企業の位置づけ」 で述べたように、1990

年代に大規模ダム事業などの公共事業による環境破壊が社会問題となっていたことが、制度が作られた背景にある。環境影響評価法の対象となっている事業は、道路、河川（ダム、堰など）、鉄道、飛行場、発電所、廃棄物最終処分場、埋立・干拓、土地区画整理事業、新住宅市街地開発事業、工業団地造成事業、新都市基盤整備事業、流通業務団地造成事業、宅地の造成時の事業（住宅地、工場用地を含む）、および港湾計画で、一定規模以上の事業である。また各地方自治体が環境影響評価条例において、国の環境影響評価法の対象となっていないような、工場建設、高層建築物建設、リゾートマンション・リゾートホテル建築、レクリエーション施設用地造成などの主に企業活動に関わる開発を対象としている。対象となる事業は時代の変遷に合わせて拡大しており、例えば太陽光発電事業は当初は環境アセスメントの対象ではなかったが、大規模な太陽光発電事業の増加にともなって、土砂流出や濁水の発生、景観への影響、動植物の生息・生育環境の悪化などの問題が各地で起きたため、まず条例で大規模太陽光発電事業を対象とする地方自治体が増加した。これを受け、2020 年から国の環境影響評価法でも大規模太陽光発電事業が環境アセスメントの対象となった。

4.2.2　環境アセスメントの流れ

　環境アセスメントで評価の対象となる環境影響は大気質、水質、振動・騒音、地形・地質、土壌質、動植物・生態系、交通、廃棄物、健康・保健、文化財・景観、地域社会、地球温暖化問題など、多岐にわたる。環境影響評価法では、配慮書、方法書、準備書、評価書、報告書という資料作成のプロセスが定められている [118]。これらの資料作成のプロセスの中で、行政や市民からの意見を取り入れるコミュニケーションをおこなっていく。なお、地方自治体の環境影響評価条例の場合には、配慮書や報告書などの手続きが簡略化されているケースがある。

　環境アセスメントの書類を作成することや現地調査を実施することは専門性が必要であるため、実務上は環境アセスメントの専門コンサルティング会社に業務を委託することになる。環境アセスメントの手続きには数千万円から数億

円の費用と数年間の期間がかかり、コストや時間の観点から企業にとって事業開発上の大きな投資を必要とする。

4.2.3　地域の合意形成

　事業活動の現場では、開発によって何かしらの地域の環境改変がおこなわれ、程度の差こそあれ地域に何らかの環境影響を与える。工場であれば排ガスによる大気汚染、排水による水質汚濁、騒音・振動などの環境影響が工場周辺にもたらされる。リゾート開発であれば、土地の改変や交通量の増加などが引き起こされる。ごみ処理場であれば、悪臭や焼却時の排ガスなどが問題となる。火力発電所であれば、排ガスや温室効果ガスが問題となる。地球温暖化対策のために拡大が求められる再生可能エネルギーであっても例外ではない。風力発電であれば、騒音・低周波音、景観、バードストライクなどが問題となる。太陽光発電であれば、土地の改変をともなうため景観、土砂流出、濁水、生態系への影響などが問題となる。地域経済や社会的要請から必要なものであっても、自分の地域でその事業がおこなわれることには反対であるという NIMBY 問題は、程度の差こそあれどの地域でも起こり得るものである。企業は各地で事業活動をおこなうにあたっては、環境影響を踏まえて住民の理解を得ることが必須となる。

　環境アセスメントに組み込まれた対話のプロセスは、住民理解を深め合意形成をおこなうためのツールとなるものである。地域住民が、地域環境に影響を与える開発事業に対して不安をもつことは当然のことである。これに対し、環境アセスメントでは第三者（コンサルタント）による科学的なデータ収集と予測・評価がおこなわれ、住民に環境影響の度合いを示すことができる。また、住民説明会をおこなうことや住民意見を募集するプロセスが織り込まれているため、企業は地域住民がどのような不安を抱えているかを知ることができる。必要に応じて、住民の意見を取り入れながら事業計画を変更することで、合意形成に近づいていく。またこの過程で、地域のニーズを把握し、雇用などの経済効果や、地域社会に与えるメリットも具体的に提示しながら、地域との折り合いをつけていく。一方、もし予測・評価の段階で地域へ及ぼす環境影響が甚

環境問題解決の手法

大なものであれば、そもそも事業をおこなうことは難しくなる。地域住民の反対が多勢であり、地域との合意形成が不可能なことが明確になれば、環境アセスメントの段階で事業撤退をおこなうケースもある。企業にとっては、環境や地域合意に関わるリスク要因を事業実施前の計画段階で把握できるため、環境アセスメントをリスクマネジメントとして役立てることができる。

4.3　公害対策

4.3.1　公害の定義

　事業活動における公害の防止は、企業の環境対策として最低限の取り組みである。法規制に基づいて対策を取ることはもちろんのこと、公害の原因を可能な限り抑えることは地域社会に対する責務となる。環境基本法における公害の定義は、「事業活動その他の人の活動に伴って生ずる相当範囲にわたる大気の汚染、水質の汚濁、土壌の汚染、騒音、振動、地盤の沈下及び悪臭によって人の健康又は生活環境に係る被害が生ずること」をいう。ここに挙げられたものは、「典型 7 公害」とよばれる。近年では、典型 7 公害のほか、光害、日照、ダイオキシン類、アスベストなども含めて公害とされることが多い。

　企業は事業活動において、これらの公害を防止することが求められる。これらの公害を防止するため、次項「4.3.2 公害対策関連法」に挙げる各種の公害関連規制法が定められており、設備や運営の中で対策を取る必要がある[119]。公害を発生させた場合には、各種規制法に則った行政処分がおこなわれるとともに、被害者から訴訟を起こされるリスクを負うことになる。

4.3.2　公害対策関連法

① 大気汚染（大気汚染防止法）

　大気汚染の防止を目的として、大気汚染防止法が定められている。環境基本法においては、人の健康を保護し生活環境を保全する上で維持されることが望ましい基準として、大気に関する環境基準が設定されている。この環境基準を達成することを目標に、大気汚染防止法に基づいて事業者に対する規制が実施

される。同法では、工場や事業場から排出・飛散する大気汚染物質について、物質の種類ごと、施設の種類・規模ごとに排出基準が定められており、大気汚染物質の排出者（ばい煙排出者）はこの基準を守らなければならない。

② 水質汚濁（水質汚濁防止法）

水質汚濁の防止を目的として、水質汚濁防止が策定されている。同法は、工場・事業場から公共用水域への水の排出や地下水への浸透を規制している。また、工場・事業場から排出される汚水や廃液により人の健康に係る被害が生じた場合の事業者の損害賠償責任を定め、被害者の保護を図ることとしている。

③ 土壌汚染（土壌汚染対策法）

土壌汚染による人の健康被害の防止を目的とし、土壌汚染対策法が策定されている。同法では、一定の条件を満たす事業者に対し、土壌汚染の状況の把握や土壌汚染対策を実施することが求められている。

④ 騒音（騒音規制法）、振動（振動規制法）

騒音規制法は、工場・事業場における事業活動や建設工事にともなって発生する騒音について必要な規制を定めるとともに、自動車騒音に関わる許容限度を定めている。同法では、都道府県知事や市長が騒音について規制する地域を指定することとされており、規制対象ごとに異なった規制基準が定められている。

⑤ 地盤沈下（工業用水法、ビル用水法）

工業用水法とビル用水法（建築物用地下水の採取の規制に関する法律）において、地下水の採取についての規制がおこなわれている。地盤沈下の多くは、地下水の過剰な採取により地下水位が低下し、粘土層が収縮するために生じる。工業用水法では、地盤沈下の著しい地域を政令により指定し、その指定地域内において井戸から地下水を採取し工業に用いる際には、井戸ごとに都道府県知事の許可を受けなければならないとされている。建築物用地下水の採取については、ビル用水法で規制されている。

4

環境問題解決の手法

⑥ 悪臭（悪臭防止法）

　悪臭防止法は、工場・事業場における事業活動にともなって発生する悪臭を規制する法律である。都道府県知事が指定した規制地域内において事業活動にともなって悪臭の原因物質を排出・漏出させる工場・事業場は、規制基準を遵守する必要がある。

4.4　資源循環

4.4.1　循環型社会の考え方

　日本における循環型社会政策の基礎となる法律は、循環型社会形成推進基本法である。同法における循環型社会の定義は、①廃棄物などの発生抑制、②循環資源の循環的な利用、③適正な処分の確保、の 3 段階によって天然資源の消費を抑制し環境への負荷ができる限り低減される社会、とされている。同法のもとで策定される循環型社会形成推進基本計画に基づいて、各種の制度設計がおこなわれてきた。循環型社会において、企業は廃棄物削減やリサイクルで主要な役割を果たす。

　循環型社会の基本となる取り組みは、3R とよばれる Reduce（リデュース）、Reuse（リユース）、Recycle（リサイクル）である。Reduce（リデュース）は、製品製造時の資源投入量や廃棄物発生量を少なくすることである。企業の観点からは、耐久性の高い製品の提供や製品寿命延長のためのメンテナンス体制の工夫などの取り組みがある。Reuse（リユース）は、使用済製品やその部品などを繰り返し使用することである。リユース可能な製品の提供、修理・診断技術の開発、リマニュファクチャリング（使用済み製品の再生）などの取り組みがある。Recycle（リサイクル）は、廃棄物を原材料やエネルギー源として有効利用することである。リサイクル可能な製品設計、使用済み製品の回収、リサイクル技術・装置の開発などの取り組みがある。

　資源有効利用促進法では、資源の有効な利用の確保を目指し、製品の設計・製造段階における環境への配慮や、リサイクルシステムの構築のための規定が

設けられている。同法のもとで個別の物品の特性に応じたリサイクル関連法として、容器包装リサイクル法、家電リサイクル法、食品リサイクル法、建設リサイクル法、自動車リサイクル法、小型家電リサイクル法が定められている。

4.4.2 循環利用の現状

廃棄物処理法では、廃棄物の区分を大きく一般廃棄物と産業廃棄物に分類している。一般廃棄物は主に家庭から排出される廃棄物であり、市町村が収集と処理をおこなう。企業から排出される廃棄物は産業廃棄物であり、企業が責任をもって処理をおこなう必要があるが、実際には民間の産業廃棄物処理事業者に委託して処理・リサイクルがおこなわれる。

廃棄物は混合して排出されれば単なる「ごみ」であるが、リサイクルしやすいように分別して回収すると、リサイクルできる「資源」となる。この分別回収段階で、人の労力、分別コスト、輸送コストなどの社会的コストが必要となる。各種リサイクル関連法で、ステークホルダーが協力してこの社会的コストを分担し、リサイクルを進めるための制度設計がおこなわれている。以下では、それぞれの廃棄物の種類ごとの循環利用の現状を整理する。

① 容器包装

容器包装は、家庭ごみの多くを占める廃棄物である。容積比で約6割、重量比で約2〜3割を占める。「容器包装に係る分別収集及び再商品化の促進等に関する法律」(容器包装リサイクル法)に基づいて、市町村による分別収集および再商品化(リサイクル)がおこなわれている。この法律で対象としているのは、紙製容器包装、ガラス製容器、ペットボトル、スチール製容器、アルミ製容器である。容器包装リサイクル制度のもとでは、消費者は分別排出する、市町村は分別収集・選別保管する、特定事業者(容器包装の製造・利用事業者)は再商品化する、再商品化製品利用事業者は原料として利用する、という役割をそれぞれもっている。分別収集されたプラスチック製容器包装廃棄物は約50%が材料リサイクル(マテリアルリサイクル)されて、プラスチック製品として再商品化される。約50%がケミカルリサイクル(油化、高炉還元剤

化、コークス炉化学原料化、合成ガス化）されて、化学原料として用いられる。ガラス瓶は、リサイクル工場で破砕され、ガラス瓶、断熱材、建築資材、土木原料などにリサイクルされる。ペットボトルは、リサイクル工場で破砕され、シート（食品用トレーなど）、繊維（内装材など）、成形品（文房具など）の原料となる。さらに化学的に分解し、清涼飲料などのペットボトル用の樹脂にする工場もある。紙製容器包装はリサイクル工場で選別され、紙の原料に向くものは厚紙・段ボールの中芯などに利用される。家畜の敷料などほかの製品として利用される場合もあり、製紙などの原料に向かないものは、燃料としてサーマルリサイクルされる。

　容器包装に対する企業の対応としては、まず製品で利用される容器包装の量を減らしていくことが重要である。例えば、リターナブル容器を使用することで容器包装に必要な資源量を減らす取り組みがある。また、リサイクル原料を用いた容器包装を用いることや、バイオプラスチックを使用することで、石油資源利用の低減に取り組む企業もある。消費者の側も余分な容器包装を用いない行動が求められている。2020年から容器包装リサイクル法の省令改正により、レジ袋が有料化となった。これはレジ袋の過剰な使用を抑制し、消費者のライフスタイル変革をおこなうことが目的とされている。

② プラスチック類

　一般社団法人プラスチックリサイクル循環利用協会によると、廃プラスチックの年間の総排出量のうち約 86 ％ が有効利用されている。この 86 ％ の内訳は、マテリアルリサイクルが 22 ％、ケミカルリサイクルが 3 ％、サーマルリサイクルが 61 ％ となっている。

　製品の原料として再生利用するマテリアルリサイクルは、ケミカルリサイクルやサーマルリサイクルと比べて高度な選別が求められる。マテリアルリサイクルされた廃プラスチックのうち、産業廃棄物系廃プラスチックからリサイクルされたものは、一般廃棄物系廃棄物廃プラスチックからリサイクルされたものの約 1.7 倍 の数量となっている。これは、産業廃棄物系廃プラスチックは、品質が一定でありまた排出量も比較的安定しているため、マテリアルリサイクルに適していることが理由である。

③ 特定家庭用機器4品目

　家庭で一般的に使用され、廃棄物としての排出量も多いエアコン、テレビ（ブラウン管式、液晶・プラズマ式）、冷蔵庫・冷凍庫、洗濯機・衣類乾燥機という「特定家庭用機器4品目」は、特定家庭用機器再商品化法（家電リサイクル法）において、リサイクルが義務付けられている。同法では使用済み家電に関して、小売業者に対しては引取義務および製造業者などへの引き渡し義務を、製造業者などに対しては指定引取場所（使用済み家電を引き取る拠点）における引き取り義務および再商品化義務を、それぞれ課している[120]。

　家電製品は金属やプラスチック類を素材とし、さまざまな部品から構成される。これを分別・解体し部品や素材ごとに選別することにより、資源としてリサイクルできるようになる。例えば、鉄、アルミ、銅といった金属は、金属製品の原材料としてリサイクルできる。プラスチック類については、マテリアルリサイクルやケミカルリサイクルをおこなうことができる。指定引取場所に集まった使用済み家電はリサイクル工場に運搬されてリサイクルがおこなわれる。リサイクル施設では、まず、手解体工程（モーター、コンプレッサー、その他金属部品類、プラスチック部品類、フロンなどの回収）がおこなわれる。次に本体の破砕・選別（磁力選別、風力選別など）がおこなわれ、再資源化物（金属類、プラスチック類など）が回収される。その後、分離・回収された素材・材料は処理事業者に引き渡されて再資源化（マテリアル／ケミカル／サーマルリサイクル）される。金属類は金属精錬業者によって回収され、冷媒フロンはフロン破壊業者によって高温破壊される。

　企業としては、設計段階で素材の使用量を減らすとともに、リサイクル段階で分解や分別が容易になるように易リサイクル設計をおこなうことで、資源の有効利用に貢献できる。

④ 建設廃棄物

　建設廃棄物は産業廃棄物全体の排出量の約20％程度を占めており、発生量が大きいことが特徴である。「建設工事の再資源化等に係る法律」（建設リサイクル法）では、建築物の解体工事から発生する特定建設資材（コンクリート、

コンクリートおよび鉄から成る建設資材、木材、アスファルト・コンクリート）の再資源化を義務付けている。建設廃棄物全体の再資源化・縮減率は 97％ となっている。縮減とは、建設廃棄物の大きさ、体積を減少させる行為であり、その方法には焼却、脱水、圧縮、乾燥などがある [121],[122]。

　建設廃棄物の再資源化の用途は次のようになる。コンクリート塊は、破砕、選別、混合物除去、粒度調整などをおこない、再生路盤材や再生骨材などに再資源化する。アスファルト・コンクリート塊は、コンクリート塊と同様に破砕、選別、混合物除去、粒度調整などをおこない、再生加熱アスファルト混合物や再生骨材などに再資源化する。建築物解体などで発生した木材は、木材ボードや堆肥の原材料などに再資源化する。また建設リサイクル法の対象品目ではないが、発生量が大きい廃棄物として建設汚泥がある。建設汚泥は、焼成処理や乾燥処理などの技術を用いることで骨材、ブロック、盛土材などに再資源化をおこなう。

⑤　食品廃棄物

　食品廃棄物とは、食品の製造、流通、消費の各段階で生じる動植物性残さなどである。具体的には加工食品の製造過程や流通過程で生じる売れ残り食品、消費段階での食べ残し・調理くずなどを指す。食品廃棄物は、飼料・肥料などへの再生利用や、熱・電気への転換ができる。「食品循環資源の再生利用等の促進に関する法律」（食品リサイクル法）によって、食品廃棄物の有効利用が推進されており、業種別に再生利用の実施率の目標が設定されている。これは個別の食品関連事業者に対して再生利用を義務づけるものではなく、業種全体での達成を目指す目標という形態である。2024 年度までの再生利用等実施率の目標は、食品製造業は 95％、食品卸売業は 75％、食品小売業は 60％、外食産業は 50％ を達成するよう設定されている。食品廃棄物の発生量が 100t 以上の多量発生事業者は毎年度、国に食品廃棄物の発生量や再生利用の状況などを報告することが義務づけられている。

　食品リサイクルの基本は第一に、廃棄物の発生を抑制する取り組みをおこなうことである。次に、抑制できない廃棄物は分別して排出し、リサイクルすることになる。リサイクル手法としては飼料化（2018 年度の再生利用のうち

74％）、肥料化（同 17％）、メタン発酵によるエネルギー回収（同 4％）、油脂化および油脂製品（同 4％）といった方法がある。食品製造業から排出される廃棄物は量や性質が安定していることから分別が容易で、栄養価を最も有効に利用できる飼料への再生利用が多い。一方、食品小売業や外食産業から排出される廃棄物は、衛生上で飼料や肥料に不向きなものが多く、焼却・埋立に回される量が多い傾向にある。

⑥ 自動車

　自動車は、「使用済自動車の再資源化等に関する法律」（自動車リサイクル法）に基づいてリサイクルがおこなわれる。自動車の所有者は、自動車購入時にリサイクル料金を支払い、廃車時に自動車販売業者などの引取業者へ使用済み自動車を引き渡す。使用済み自動車はまず引取業者からフロン類回収業者に渡り、カーエアコンで使用されているフロン類が回収される。その後、自動車解体業者に渡り、エンジンやドアなどの有用な部品や部材が回収される。さらに残った廃車スクラップは破砕業者に渡り、そこで鉄などの有用な金属が回収され、その際に発生する自動車破砕残さ（Automobile Shredder Residue：ASR）が、自動車製造業者などによってリサイクルされる。一部の品目には再資源化率の目標値が定められており、自動車破砕残さについては 70％、エアバッグ類などについては 85％ と定められている。

⑦ パーソナルコンピュータ

　資源有効利用促進法では、使用済みパソコンの再資源化を製造業者などに対して義務づけており、再資源化率をデスクトップパソコン（本体）50％ 以上、ノートブックパソコン 20％ 以上、ブラウン管式表示装置 55％ 以上、液晶式表示装置 55％ 以上と定めてリサイクルを推進している。使用済みパソコンは排出者がパソコンメーカーに回収を申し込み、メーカーによって回収されたパソコンは再資源化センターでリサイクルされる。リサイクルセンターに搬入されたパソコンは、まず手作業で、筐体、プリント基板、ユニット部品、ケーブルなど、大きなパーツ毎に分解・分別される。分解されたパーツ類はパーツごとに再資源化される。金属部品・ユニット部品は必要に応じ破砕され、再資源

化業者によって鉄、アルミ、銅の素材に再生される。プラスチック部品は、プラスチック再生業者によってプラスチック原料に再生される。プリント基板などからは、金属製錬所や貴金属回収業者によって金、銀、パラジウムなどの貴金属が回収される。

⑧ 小型二次電池

　充電式電池である小型二次電池（ニカド蓄電池、ニッケル水素蓄電池、リチウムイオン蓄電池、密閉鉛蓄電池）には、主な材料としてニッケルやカドミウム、コバルト、鉛など希少な資源が使われている。小型二次電池のリサイクルは、回収量を確保すれば資源の有効活用ができる。小型二次電池は、通信機器、OA 機器、AV 機器、日用品などさまざまな場所で使用されている。資源有効利用促進法では、小型二次電池の再資源化を製造業者に対して求めており、再資源化率をニカド電池 60 ％ 以上、ニッケル水素電池 55 ％ 以上、リチウムイオン蓄電池 30 ％ 以上、密閉型鉛蓄電池 50 ％ 以上を目標に設定して、リサイクルが推進されている。

　小型二次電池の回収・再資源化は、電池メーカー・電池使用機器メーカーなどによって設立された一般社団法人 JBRC が中心となって実施している。JBRC 会員企業の使用済み小型二次電池は、排出協力店（家電小売店・スーパーマーケット・ホームセンターなど）や協力自治体施設などで回収されている。携帯電話用リチウムイオン電池は、モバイルリサイクルネットワーク（携帯電話の回収・リサイクルのネットワーク）において携帯電話と一緒に回収がおこなわれている。回収された小型二次電池は、リサイクル工場において分別と解体・分離の後に熱処理されて金属が回収され、原料として用いられるようになる。

⑨ 小型電子機器

　使用済み小型電子機器については、「使用済小型電子機器等の再資源化の促進に関する法律」（小型家電リサイクル法）に基づき、再資源化を促進するための措置が講じられている。小型家電リサイクル法は、都市鉱山の資源を有効活用するために 2013 年に施行された。同法は、デジタルカメラやゲーム機な

どの使用済み小型家電に含まれる貴金属やレアメタルなどの資源の有効利用や、有害物質の管理などが目的とされている。同法では、各関係者の役割が規定されており、消費者が分別排出し、市町村が消費者から分別回収して再資源化事業者（リサイクル工場）へ引き渡し、再資源化事業者が引き取った使用済み小型家電の再資源化を適正に実施する、ということとなっている。対象とする品目は、家電リサイクル法の対象 4 品目を除くほとんどの電子機器であり、携帯電話、ゲーム機、デジタルカメラなどの 28 分類が定められている。公共施設・スーパーマーケット・家電小売店などの回収ボックスで回収された小型家電は、再資源化事業者に引き渡される。再資源化事業者において分解・破砕の後、金属の種類やプラスチックごとに選別され、金属精錬事業者が金属資源として再生する。同法の基本方針では、回収・再資源化を実施する量の目標を 1 年あたり 14 万 t（人口一人あたり回収量約 1 kg）としている[123]。

⑩　下水汚泥

　地方自治体の下水道事業において発生する下水汚泥は、全産業廃棄物の年間発生量の約 2 割を占める[121]。発生量が大きいものの、エネルギー・肥料としての再生利用や、脱水、焼却などの中間処理による減量化により、最終処分場に搬入される量は発生量全体の 0.3 % となっている。下水汚泥はバイオマス資源であるため、有効利用しやすい廃棄物である。エネルギー利用としては、メタン発酵によって発電燃料として利用できる。緑地・農地利用としては、コンポスト化して肥料や土壌改良剤として活用できる。建築資材利用としては、下水道工事の埋め戻しに利用されるほか、セメント原料、コンクリート、骨材、ブロック、レンガなどの原料として利用できる。

4.5　再生可能エネルギー

4.5.1　世界の潮流

　大気中の温室効果ガスの増加をともなわない発電方式である再生可能エネルギーはここ 10 年程度で急速に導入が増加している。REN21『Renewables

4

環境問題解決の手法

2021 Global Status Report』（2021 年）によると、太陽光発電、風力発電、水力発電、地熱発電、バイオマス発電といった再生可能エネルギーの導入は世界で毎年加速度的に増加しており、2020 年には 256 GW（原子力発電 256 基分）が新たに増加した[124]。この容量は、世界で新たに増加した発電設備のうちの 83 % を占めている。再生可能エネルギーは、世界における発電量の 29 % を占めるにいたっており、その導入は今後も増え続けると予測されている。

特に太陽光発電は 2035 年までには石炭火力発電や天然ガス火力発電の総設備容量を上回ると予測されている[125]。IEA は、パリ協定の目標を達成するために必要な 2040 年における世界の発電電力量構成について、再生可能エネルギー（大規模水力含む）を 58 % まで増加させ、原子力 18 %、天然ガス 16 %、石炭 7 %、石油 1 % とするシナリオを設定している[126]。このように、かつては代替エネルギーとされていた再生可能エネルギーは、現在では基幹エネルギーになりつつある。

日本でも 2012 年の再生可能エネルギー固定価格買取制度（FIT 制度）の導入以降に急激に導入量が増加している。発電電力量の電源構成（2019 年）は天然ガス火力 37.1 %、石炭火力 31.9 %、石油火力 6.8 %、原子力 6.2 %、水力（大規模含む）7.7 %、太陽光 6.7 %、風力 0.7 %、地熱 0.3 %、バイオマス 2.6 % となっている。

『第 6 次エネルギー基本計画』（2021 年）では、2030 年までに再生可能エネルギーによる発電を 18 %(2019 年時点) から 36〜38 % に倍増させるとの見通しが設定されている[23]。前述 REN21 レポートによると、日本は中国、アメリカ、ドイツ、インドに続いて世界 5 位の再生可能エネルギー導入量（水力発電以外）となっており、日本は世界的にみて再生可能エネルギーの導入量が多い国の 1 つとされている。ただし日本は電力使用量も世界 4 位と大きいため、電源構成に占める再生可能エネルギー割合でみた場合、EU 諸国 12 か国が 30 % 以上（うち 5 か国 が 50 % 以上）となっていることと比較すると日本の 18.0 % は見劣りしている。

再生可能エネルギーは世界で導入量が拡大することで規模の経済の原理が働いて設備製造コストが低減し、それにともない発電コストが急速に低減している。ヨーロッパでは 2000 年に 60.7 円/kWh であった事業用太陽光発電の買

取価格（発電コスト + 利益）は 2020 年には 5.5 円/kWh となり、10 円/kWh
程度の石炭火力発電以下の発電コストとなっている。陸上風力発電も同様
に、ヨーロッパでは 2000 年に 10.9 円/kWh であった買取価格は 2019 年には
6.9 円/kWh となっている。さらに、日射量が多い中東では太陽光発電の発電
コストは劇的に低減し、3 円/kWh 以下にまでなっている。世界的にみると再
生可能エネルギーの発電コストは石炭火力発電を下回るようになっているが、
日本ではまだコスト低減の途上にある。事業用太陽光発電は 2019 年時点での
発電コストは 13.1 円/kWh であるが、2030 年には 5.8 円/kWh にまで低減す
ると見込まれている。陸上風力発電も同様に、2019 年時点での発電コストは
11.1 円/kWh であるが、2030 年には 6.6 円/kWh にまで低減すると見込まれ
ている[127]。

4.5.2　制度設計

　日本で再生可能エネルギーが急速に普及し始めたのは、2012 年の FIT 制度
開始が契機である。FIT 制度は、再生可能エネルギーで発電した電気を、電力
会社が固定価格で一定期間買い取ることを国が保証する制度である。この買取
価格（発電事業者側からみたら売電価格）は、再生可能エネルギー発電事業者
が投資回収をおこなうために十分な価格が設定されている。買取に要する費用
は、賦課金として、電力料金に上乗せされる形で電力需要家によって負担され
る。FIT 制度は固定された売電価格を長期間保証することによって、再生可能
エネルギー発電事業をリスクの少ない投資に仕立て上げ、普及拡大につなげる
という仕組みである。再生可能エネルギーは 2012 年時点ではまだ発電コスト
が高く、市場原理のもとでは石炭火力発電などの化石燃料による発電に価格競
争で勝つことができず普及は難しかった。FIT 制度でこの弱点を克服するこ
とで、発電事業者にとって再生可能エネルギーへの事業投資のインセンティブ
が生まれた。

　一方で、FIT 制度における買取価格の原資は電力需要家が負担する賦課金で
あるため、再生可能エネルギーが普及するほど電気料金が高くなるという課題
がある。2021 年度時点では賦課金総額は 2.7 兆円となっており、国民負担を

4

環境問題解決の手法

下げるという観点から買取価格の低減が政策的に誘導されている。これは、各発電方式の技術開発によって、発電コストが低減していることと歩調が合わされている。FIT 制度の仕組みは、再生可能エネルギーが普及するにしたがい見直されており、今後は、入札制度によって買取価格を決定する方式と、市場連動型の FIP（Feed-in Premium）制度が拡大されていく。入札制度は、FIT 制度のままで一定期間での固定価格での買取が決まっているが、その価格の決め方が入札制度によるものである。国内全体で合計何 MW の設備容量を認定するかの募集容量を決めておき、その容量いっぱいになるまで、入札価格の安い順に落札されるという仕組みとなる。落札価格は、そのまま事業期間中における FIT 価格となる。FIT 価格に競争原理を持ち込むことで、買取価格低減を促す狙いから導入された。FIP 制度は、発電事業者は電気を卸電力取引市場や相対取引で売るということを原則とする。現在の発電コストでは市場価格での売電では利益の確保が難しいため、発電事業者は追加でプレミアム（割増金）を受け取ることによって、再生可能エネルギー投資のインセンティブを確保する。この制度は、今後拡大が見込まれる卸電力取引市場における電力取引と再生可能エネルギーへのインセンティブを両立させるための制度である。

4.5.3　種類と特徴

　本項では、主な再生可能エネルギー技術の特徴と動向を整理する。太陽光発電、風力発電（陸上、洋上）、地熱発電、中小水力発電、バイオマス発電は FIT 制度の対象となっており、普及期にある。海洋エネルギー（波力発電、潮流・海流発電、海洋温度差発電）は開発途上であるが、海洋国の日本ではポテンシャルが高い技術である。

① 太陽光発電

　太陽光発電は、太陽電池（太陽光パネル）によって太陽の光で発電をおこなう。太陽電池は、太陽光エネルギーを吸収して直接電気に変えるエネルギー変換素子である。シリコンなどの半導体で作られており、この半導体に光があたると、日射強度に比例して発電する。日射が多ければ定格に近い発電を得られ

るが、日射が弱ければ発電量が減り、さらに夜間は発電できないため、天候や時間帯によって発電量が変わる変動電源である。設備利用率（実際の発電量が、仮に 100 ％ 運転を続けた場合に得られる電力量の何 ％ にあたるかを表す数値）は 13 〜 14 ％ 程度である。発電容量は太陽光パネルを置く枚数によって増減させることが可能である。住宅や工場の屋根に置けば、自家消費電源としての利用が可能となる。また、大規模な敷地を確保して大量の太陽光パネルを敷き詰めれば、事業用のメガソーラー発電所ができあがる。自家消費から事業用まで柔軟に対応でき、太陽光が届けばどこでも発電できる汎用性が高い技術である。

　太陽光パネルはかつて日本メーカーが世界でトップ上位を占めていたが、今や日本メーカーは世界市場でのシェアは小さい。太陽光パネルは汎用製品化し、大規模工場で大量に製造する海外メーカーとのコスト競争にさらされているということが背景にある。このような市場環境の中、独立行政法人新エネルギー・産業技術総合開発機構（NEDO）の『太陽光発電開発戦略 2020（NEDO PV Challenges 2020)』（2020 年）では、単なるコスト競争ではなく、高付加価値な用途での技術開発を指向している[128]。建物の壁面、重量制約のある屋根、移動体（車載）、戸建て住宅、水上、農地等の 6 市場を新たな用途と捉え、特に技術開発を推進すべき市場としている。軽量・薄型で曲げられるペロブスカイト型太陽電池などが商用化されれば、建物の壁面など、都市部でも太陽光発電を設置できる場所が増えることになる。

②　陸上風力発電

　風力発電は、風の力でタービンを回して電気に変換する発電方式である。風力発電機のブレードに風があたるとブレードが回転し、その回転が動力伝達軸を通じてナセルに伝わる。ナセルの中では、増速機がギアを使って回転数を増やし、回転速度を速め、その回転運動を発電機で電気に変換する。風が強ければ定格の出力を出せるが、風が弱ければ出力は低下するため、天候によって発電量が変わる変動電源である。設備利用率は 20 〜 30 ％ 程度である。風力発電事業で投資回収をおこなうためには、一定以上の風速の風が年間を通じて吹いている必要がある。日本における陸上風力発電は、設備の設置にともなう景

4

環境問題解決の手法

観への影響や稼働時の騒音などの環境影響の観点もあり、山間部や海沿いの場所などに設置されることが多い。風況という自然の制約に加えて、立地近くの地域住民への配慮という社会的制約が、陸上風力発電を増やしていく上での課題となる。

　風力発電は出力が大きくなると発電コストを低減できるため、大型な風車の開発が進んでいる。陸上風力発電は立地条件や普及機などの影響から、これまでは 1 基あたり 1 〜 2 MW の規模が主流であったが、5 MW の大型風車を設置する事例が出ている。

③ 洋上風力発電

　洋上風力発電は、海洋上における風力発電である。洋上では陸上に比べて安定して一定以上の風速の風が吹いているため、より大きな発電を得ることができる。また、陸上風力発電と比べて騒音などの環境影響の制約が少なく、国土を海に囲まれた海洋国である日本では立地の余地が大きいものとして期待されている。

　洋上風力発電には、海底に杭を打って風車を設置する着床式洋上風力発電と、洋上に浮かばせた浮体式構造物の上に風車を設置する浮体式洋上風力発電の技術がある。一般的には、水深 50 m 程度までは着床式洋上風力発電を用い、水深 50 〜 200 m 程度の場合には浮体式洋上風力発電を用いる。洋上風力発電は、陸上風力発電と比べて設置時や稼働時の立地の制約が少ないため、より大型な風車の技術開発がおこなわれており、定格出力 10 MW 以上の大型風車が標準になろうとしている。

　遠浅の海が続くイギリスなどでは、着床式で大規模風力発電（ウィンドファーム）が設置されている。一方、日本は比較的近くで海底が深くなることと、ほとんどの地域で沿岸では漁業がおこなわれているという社会的な制約があるため、洋上風力発電も立地の選定は簡単ではない。洋上風力発電のポテンシャルを活かすため、国と地方自治体によって、環境的条件、社会的条件、経済的条件を勘案して洋上風力発電が設置可能なエリアを設定するゾーニングがおこなわれている。

④ 地熱発電

　地熱発電は、地下の地熱貯留層から地熱流体を取り出し、熱エネルギーでタービンを回転させて電気を起こす発電方式である。地熱資源は火山性の地熱地帯において、マグマの熱で高温になった地下深部（地下 1000 〜 3,000 m 程度）に存在する。地表面に降った雨や雪が地下深部まで浸透し、高温の流体である地熱流体となる。これが溜まっている場所を地熱貯留層という。発電方式はフラッシュ発電方式とバイナリー発電方式が一般的である。フラッシュ発電は主に 200 度以上の高温地熱流体での発電に適しており、地熱流体中の蒸気で直接タービンを回して発電する方式である。バイナリー発電は、地熱流体で温められた二次媒体の蒸気でタービンを回して発電する方式である。水よりも沸点の低い二次媒体を用いるため、より低温の地熱流体での発電に適している。80 度を超える温泉が湧出する温泉地では、その高温の温泉をバイナリー発電の熱源として使うことができる。

　日本で稼働中の地熱発電所の設備容量は合計で約 520 MW（36 か所）であり、世界 10 位となっている（2016 年時点）。日本は火山国であるため、地熱発電のポテンシャルに恵まれており、アメリカ、インドネシアに続く世界第 3 位（地下資源量 23,470 MW 相当）の地熱発電大国である[129]。まだポテンシャルの 2.2 % しか活用されておらず、今後の活用が期待されている。ただし、地下資源は地上からみえないこともあり、計 6〜15 年程度という事業開発期間がかかる。さらに最初の段階である、調査をおこなう前に地域の理解が必要となる。地熱発電の適地の近くは温泉が湧出する地域であることが多く、温泉業者などから、地熱発電が作られると温泉の湧出に影響するのではないかとの不安をもたれやすい。これらの不安に答え、地域の理解を得ながら事業計画を進める必要がある。

⑤ 中小水力

　中小水力発電は、水の力を利用して発電する水力発電のうち中小規模のものをいう。水力発電は、水の位置エネルギーを水車の回転に変えて発電する。FIT 制度では、30 MW 未満のものが中小水力発電として FIT 制度の対象と

なっている。一般河川、砂防ダム、治山ダム、農業用水路、上水道施設、下水処理施設、ダム維持放流、既設発電所の放流水、ビルの循環水、工業用水など、さまざまな場所での水流を利用して発電することが想定されている。従来型の大規模ダムによる水力発電と比較して、開発による大きな環境影響を回避して水力を利用する発電として導入が期待されている。

　環境省『平成 21 年度再生可能エネルギー導入ポテンシャル調査報告書』（2011 年）によると、中小水力発電の導入ポテンシャルは最大で 15 GW（15,000 MW）であるとされている[130]。一方で、FIT 制度開始後に新規に導入された中小水力発電は 623 件で 697 MW（2021 年 3 月時点）となっており、十分なポテンシャルが活かされていないのが実情である[131]。この理由としては、水利権の取得が煩雑であることが挙げられる。河川法によって、河川水を利用する場合には河川管理者から水利使用の許可（水利権）を取得しなければならないと定められている。水を使用する場合には利害関係が発生することが多く、例えば農業用水は農家や農業団体などから水利権を取得するための手続きが煩雑であり、その取得は容易ではないとされる。また、総事業費の 6～7 割を占める土木工事をはじめとして建設コストが大きい一方、発電量が多くないため、投資回収期間が長いことも課題である[132]。

⑥ バイオマス

　バイオマスとは、生物資源（bio）の量（mass）を表す概念で、「再生可能な生物由来の有機性資源」のことを指す。主に植物が太陽エネルギーを使って水と CO_2 から光合成によって生成した有機物であり、太陽エネルギーがある限り持続的に再生可能な資源である。石油など化石資源は、地下から採掘すれば枯渇するが、植物は持続的にバイオマスを再生産できる。このようなバイオマスを燃焼させた際に放出される CO_2 は、化石資源を燃焼させて出る CO_2 と異なり植物の成長過程で光合成により大気中から吸収した CO_2 であるため、大気中で新たに CO_2 を増加させないカーボンニュートラルな資源とされている。

　バイオマスは、その賦存状態により、未利用バイオマス、廃棄物系バイオマス、資源作物、の 3 種類に分類される。未利用バイオマスは、林地残材、間伐

材、わら、麦わら、もみがらなどである。廃棄物系バイオマスは、家畜排せつ物、食品廃棄物、廃棄紙、黒液（パルプ工場廃液）、下水汚泥、し尿汚泥、建設発生木材、製材工場残材などである。資源作物は、糖質資源（さとうきびなど）、でんぷん資源（とうもろこしなど）、油脂資源（菜種など）、柳、ポプラ、スイッチグラスなどである。これらに適切な技術を用いてエネルギー利用をおこなう。バイオマスエネルギー利用としては、バイオマス発電、バイオマス熱利用、バイオ燃料製造という方法がある。

　木質バイオマス発電では、木質燃料をボイラで燃焼させてタービンを回し、発電機を動かして発電をおこなう。または、熱分解・還元反応によってガス化し、そのガスを燃料としてエンジンで発電をおこなうガス化発電方式もある。木質燃料は、木を破砕してチップ化することや、熱と圧力によってペレットに成形加工することで燃料として利用できるようにしたものである。バイオマス発電所は未利用材を一定の価格で 20 年以上の長期にわたって購入できるため、間伐の促進に貢献する。これによって森林整備、林業振興、再生可能エネルギーの普及が進むという 3 重のメリットがある。一方で、日本は国土の67 % が森林であり森林資源が豊富に存在するものの、国産木材の需要低迷を原因として林業の衰退が進んできたことにより、未利用材を十分に搬出するための林業従事者、重機、林道が足りないという社会的制約がある。このため、国内の未利用材不足を補完するために、海外から木質ペレットやパーム椰子殻（Palm Kernel Shell：PKS）などを輸入して燃料を確保する大型のバイオマス発電所が多数建設されている。

　バイオマス熱利用は、バイオマス発電と同じく、木質チップや木質ペレットを燃料として利用する。違いはタービンやエンジンを回して発電するのではなく、熱エネルギーをそのまま利用することである。バイオマス発電はバイオマスのもつエネルギーの利用量が 30 〜 40 % にとどまるのに対して、熱利用は60 〜 90 % が利用できるという意味で、効率的なエネルギー利用方法である。一方で、電線を通じて遠方までエネルギーを送れる電気とは違い、熱は熱導管を通じて近隣にしか送れない。また、熱導管のコストも広範囲になるほど大きくなる。このため、バイオマス熱利用をおこなうためには温浴施設やプールなどのまとまった熱需要が近隣に存在していることが必須になる。このような観

点から、バイオマス熱利用は、バイオマス発電と比べて立地の制約が多いという課題がある。

　バイオ燃料は、バイオエタノール、バイオディーゼル、バイオガスの3つが広く利用されており、輸送や発電の燃料として用いられている。バイオエタノールは、サトウキビなどを発酵・蒸留して製造するエタノールである。バイオディーゼル（Bio Diesel Fuel：BDF）は、菜種油などから製造されるディーゼルエンジン用燃料である。廃食用油を回収してBDFとして再生利用する取り組みもある。バイオガスは、家畜排泄物や食品廃棄物を発酵させたときに生じるガスから製造される。主な成分はメタンで、発電や熱供給に利用されるのが一般的である。バイオ燃料の原料として使われるサトウキビ、トウモロコシ、菜種などは農産物であり、温室効果ガス削減につながる一方で、食料との競合などが起こり得ることが課題となっている。これに対し、食料との競合を避けられるバイオマス原料として、微細藻類の活用が注目されている。

⑦　海洋エネルギー

　海洋エネルギーには、波力発電、潮流発電、潮汐力発電、海流発電、海洋温度差発電がある。いずれも現在開発途上であるが、大きなエネルギー賦存量をもつことからヨーロッパを中心に技術開発がおこなわれている。日本は世界第6位の排他的経済水域を抱える海洋国であるがゆえに、次世代再生可能エネルギーとして研究が進められている[129]。

　波力発電は波のエネルギーを利用した発電システムである。波力発電システムは振動水柱型、可動物体型、越波型の3種類がある。また設置形式の観点から、装置を海面または海中に浮遊させる浮体型と、沖合または沿岸に固定設置する固定型にわけられる。

　潮流発電は潮流の運動エネルギーを利用し、一般的には水車によって回転エネルギーに変換して発電する方式である。瀬戸内海、九州西岸、津軽海峡などにおいて海流が早くポテンシャルが高いとされる。

　潮汐力発電は、潮汐による潮位差を利用してタービンを回し発電する方式で、水力発電の応用である。水力発電と同様の原理を用いて，潮位差が大きい湾や河口の入り口などにダムと水門を建設し，水位差によって発電する。日本

では潮位差が小さいため、ポテンシャルは小さいとされている。

海流発電は、エネルギー変換装置として水車を用い、海流の運動エネルギーでタービンを回して発電する方式である。海流は、一般的に流れの強い地点は陸地から数 km 以上離れており、水深が深いため装置の設置や管理が難しいことや、送電距離が長くなることなど、実用化に向けて多くの課題が残されている。

海洋温度差発電は、表層の温かい海水（表層水）と深海の冷たい海水（深層水）との温度差を利用する発電である。太陽エネルギーを熱として蓄えた表層水と深層 600 〜 1,000 m に存在する 1 〜 7°C 程度の深層水を取水し、温度差を利用して発電する。

海洋エネルギーは、海上や海中、海底にエネルギー変換装置やタービン・発電設備を設置するため、陸上とはまったく異なる環境下での稼働を強いられる。稼働する部分を含め直に海水と接することから、環境への影響、設備の耐用性、大型化の限界、設置やインフラ整備への制約、設置後のメンテナンスなどの難しさがある。コストも陸上の再生可能エネルギーよりもまだ高いが、日本ではポテンシャルが高い再生可能エネルギーであるため、国の支援による技術開発がおこなわれている。

4.5.4 電力貯蔵技術

太陽光発電や風力発電は天候や時間帯によって出力が変動することが課題である。この変動が電力系統全体の需給バランスや周波数変動に影響を与えることになるため、変動電源の導入量には制約が出てくる。この制約を解決させるために必要なのが、電力貯蔵技術（蓄エネ技術）である。電力貯蔵技術には、①二次電池、②水素電力貯蔵、③揚水発電、④電気二重層キャパシタ、⑤フライホイール、⑥圧縮空気電力貯蔵、⑦超伝導電力貯蔵、などがあり、研究開発が進められている[133]。現在では、自家発電・自家消費目的ではリチウムイオン電池をはじめとする二次電池の利用が主流である。また、「5.4 次世代エネルギーインフラ」に示すように、水素による電力貯蔵にも期待がかかっている。

① 二次電池

　二次電池とは、繰り返しの充電・放電が可能ないわゆる蓄電池のことで、化学反応を利用してエネルギーの貯蔵・放出をおこなう。定置型のものや移動体用、小型携帯機器用などがあり、小容量から大容量まで幅広く実用化されている。二次電池には、リチウムイオン電池、ニッケル水素電池、ナトリウム硫黄電池（NAS 電池）、レドックスフロー電池などが開発されており、特徴に応じて用途が変わってくる。

　リチウムイオン電池は、繰り返し充電による蓄電能力低下が小さく、放電持続時間が長いことなどから、多くの携帯機器用に広く利用されている。リチウムイオン電池は、ニッケル水素電池に比べエネルギー密度が高いという特長があり、家庭用蓄電池や電気自動車で主流の電池となっている。ニッケル水素電池は、ハイブリッドカーなどに使われており、急速充電がおこなえるため使い切っても短時間で充電できるという特徴がある。NAS 電池やレドックスフロー電池は、大容量化に適しかつ長寿命という特徴をもっているため、電力負荷平準によるピークカットや再生可能エネルギーの安定化への活用が期待されている。

② 水素電力貯蔵

　水素電力貯蔵は、エネルギーキャリアとして水素を利用し、電力貯蔵をおこなう。電力を使って水電解で水素を製造し、貯蔵した水素を使って、燃料電池などで発電するものである。余剰電力があるときに水素を製造しておき、需要が多いときにその水素を使って発電できる。水素による電力貯蔵は、変換時のエネルギー損失が大きいという欠点があるが、低コストで大規模な貯蔵に適しているほか、月単位の長期貯蔵にも向いている。また、山頂や沖合などの送配電網から遠くにある再生可能エネルギー設備に併設し、発電した電力を水素に変換し、輸送して利用することも考えられている。水素は燃料電池自動車の燃料などの多様な用途があり、将来の水素社会に向けての活用が期待されている。

③ 揚水発電

　揚水発電は、下部調整池の水を電力需要の少ない夜間に上部調整池へ揚水し、昼間に水力発電で発電するものであり、100年あまり前から実用化されている。揚水発電は、系統電力の負荷平準化の中心的役割を担っている。下部調整池の代わりに海を利用する海水揚水発電なども、研究開発が進められている。

④ 電気二重層キャパシタ

　電気二重層キャパシタは、電極と電解液との間に形成される電気二重層を絶縁層として電荷を吸着して電気を貯蔵する技術であり、電気を化学反応なしに電気のまま貯蔵できる。充電時間が短いことと、利用の繰り返しによる劣化が少なく、重金属などを使用する必要がないことなどが特徴である。

⑤ フライホイール

　フライホイール発電機は、円盤などの回転体（フライホイール）の運動エネルギーとしてエネルギーを貯蔵・放出する技術である。短時間のエネルギー貯蔵に向いている。

⑥ 圧縮空気電力貯蔵

　圧縮空気電力貯蔵は、圧縮機を使って電力需要の少ない夜間に空気を圧縮してタンクなどに貯蔵し、電力が必要な際には貯蔵した圧縮空気で膨張機（発電機）を回転させ、電力を発生させる技術である。

⑦ 超電導電力貯蔵

　超電導電力貯蔵（SMES）は、電気抵抗がゼロという特性をもつ超電導コイルを利用して電気を貯蔵する装置である。超伝導コイルに電気を流し永久電流スイッチを閉じれば、直流電流が流れ続けて電力を貯蔵できる。

4.5.5　事業開発のプロセス

　企業が再生可能エネルギーの導入をおこなう際には、主に以下のプロセスで事業開発がおこなわれる。再生可能エネルギーの種類が変わってもおおむね同じプロセスを踏むことになる。ただし、工場や事業所の屋根に設置する太陽光発電などであれば、土地の確保から許認可の取得までのプロセスは容易になる。

① 適地の選定

　導入したい再生可能エネルギーの資源量や自然状況を勘案し、適地を選定する。

② 用地の確保

　適地を選定したら、用地を購入や賃貸で確保する。

③ 設備の選定

　事業用地に合致した設備の種類と適切な規模を選定する。

④ 住民合意

　太陽光発電、風力発電、地熱発電、中小水力発電、バイオマス発電のいずれも、地域住民の理解を得て事業を進めることが必須となる。環境アセスメントをおこなう事業計画であれば、そのプロセスの中で対話を進めることができる。事業をおこなうことで、地域経済などに貢献する観点も説明していくことが望ましい。

⑤ 許認可の取得

　大規模な再生可能エネルギーの開発においては、許認可の取得が工程のクリティカルパスとなることが多い。行政手続きにおいて、主に最も時間を要するのは環境アセスメントであり、数年の期間を要する。2021 年に成立した改正

地球温暖化対策推進法（改正温対法）では、国や自治体が再生可能エネルギーの導入促進に向けて、社会条件の整備を支援する方針を定めている。同法のもとで、市町村が定めた再生可能エネルギーの促進区域内での事業が認定されれば、事業者は自然公園法や農地法といった発電所設置に必要な手続きについて、市町村を窓口にしてワンストップで済ませられるようになる。

⑥ ファイナンス

　メガソーラーやウィンドファームのような大規模な再生可能エネルギーになると、投資額が数十億円〜数千億円規模になる。この規模の投資を企業が出資やコーポレートファイナンスのみでまかなうことには限界がある。再生可能エネルギーの普及に大きく貢献した金融の仕組みがプロジェクトファイナンスであり、この仕組みを用いて大規模再生可能エネルギー事業がおこなわれるケースが多い。

⑦ 建設

　再生可能エネルギー発電設備の建設は、建設請負会社に EPC 契約を発注することが多い。EPC とは、Engineering（設計）、Procurement（調達）、Construction（建設）の略称である。設備の据付・試運転までを売り手側が引き受けて、買い手が設備を運転できる状態に仕上げて引き渡す設備一括請負契約の形態である。

⑧ 運転

　設備の運転は、太陽光発電、風力発電、中小水力発電、地熱発電は、少ない人数で運転ができる。火力発電と違い燃料投入作業がないため、基本的に監視と保守が安定稼働のための作業となる。一方、バイオマス発電は火力発電であるため、燃料投入と設備運転の人員が必要となる。

4

環境問題解決の手法

4.5.6　再生可能エネルギーの調達

　企業が再生可能エネルギーを用いる場合には、①自ら工場や事業所に再生可能エネルギー設備を導入する方法、②再生可能エネルギー事業に投資する方法、③外部から再生可能エネルギーを調達する方法、④再生可能エネルギー由来の証書を購入する方法、といった方法がある[134]。

　「①自ら工場や事業所に設備を導入する方法」では、再生可能エネルギーで自家発電・自家消費をおこなう。主に太陽光発電設備を導入するケースが大半である。工場や事業所の屋根が広ければ、屋根置きの太陽光パネルが設置できる。ただし、太陽光発電は変動電源であるため、夜間は外部から電気を買う必要がある。もし完全に太陽光発電で自家消費の電気をまかなおうとすれば、蓄電池の導入が必要になる。

　「②再生可能エネルギー事業に投資する方法」では、企業が自ら再生可能エネルギーに投資して、その電気を調達する。自家発電・自家消費が困難な場合に、別の場所で再生可能エネルギーの発電所を建設することで、その電気を使えるようにする。自社が投資した再生可能エネルギーを、小売業者を介在させて購入し、自社で使用するスキームがある。その場合、再生可能エネルギーの環境価値も同時に取得することが望ましい。

　「③外部から再生可能エネルギーを調達する方法」では、再生可能エネルギーの電気を多く含むメニューを提供する小売電気事業者と契約することで、再生可能エネルギー比率を増やす。ただし現行制度では、FIT 制度の適用を受けた電気（FIT 電気）は、CO_2 排出量がゼロとみなされないことに留意する必要がある。これは、買取価格のプレミアム分を電気の購入者すべてが賦課金として負担していることと整合が取られていることが理由である。このため、④の非化石証書と FIT 電気を組み合わせることで再生可能エネルギー 100 ％ とする電力メニューが、小売電気事業者によって用意されているケースがある。

　「④再生可能エネルギー由来の証書を購入する方法」では、再生可能エネルギーが生み出す環境価値を証書で購入する制度を活用する。電気の購入契約とは別に証書を購入することで、再生可能エネルギーの環境価値を活用できる。

これには、グリーン電力証書、J–クレジット、非化石証書があり、「4.10 環境価値の取引」で詳述する。

　企業による再生可能エネルギー利用促進の動きに、「RE100」という国際的取り組みがある。RE100 は、事業運営を 100% 再生可能エネルギー（Renewable Energy）で調達することを目標に掲げる企業が加盟する取り組みであり、国際環境 NGO の The Climate Group（TCG）が 2014 年に発足させた。RE100 加盟企業は、事業運営を 100% 再生可能エネルギーでおこなうことを宣言し、進捗状況の報告書を毎年 RE100 事務局に提出する。報告された情報は RE100 のホームページや年次報告書の中で公開される。RE100 加盟企業は、本項で挙げた方法などを駆使して再生可能エネルギーの利用比率を増やしていくとみられる。

4.6　省エネルギー

4.6.1　省エネルギーの状況

　日本はエネルギー自給率が 11.8%（2018 年）となっており、エネルギーの大半を海外からの輸入に頼っているため、省エネルギーは重要なエネルギー政策となってきた。1970 年代の二度の石油危機を受けて、1979 年には「エネルギーの使用合理化法」が施行された。その後、地球温暖化問題に対する関心が高まり、日本の CO_2 の約 9 割の発生源はエネルギーに関連しているため、省エネは地球温暖化対策の一部として考えられるようになった。1997 年に京都議定書が採択されて温室効果ガス 6% 削減が目標とされると、1998 年に「地球温暖化対策の推進に関する法律」（地球温暖化対策推進法：温対法）が施行された。省エネ法がエネルギー起源の CO_2 の報告を求めているのに対して、温対法ではそれ以外の温室効果ガスの報告を求めているという関係にある。さらに、建築物におけるエネルギー消費量が増加傾向にあることに対応し、2015 年には「建築物のエネルギー消費性能の向上に関する法律」（建築物省エネ法）が公布された。

　2019 年度の日本の最終エネルギー消費の部門別の割合は、産業部門（製造

業、農林水産、鉱業、建設業）が 46.1 %、業務他部門（第三次産業）が 16.6 %、
家庭部門が 14.1 %、運輸部門が 23.2 % となっており、産業部門が約半分を占
める [22]。

4.6.2　省エネルギー関連法

① 省エネ法

　省エネ法は、一定規模以上の工場、事業場、運輸分野における燃料、熱、電
気について、エネルギー使用状況などを報告させるものである。企業はエネル
ギー使用の合理化や、電気の需要の平準化に努めることなどが求められてい
る [135]。機械器具などのエネルギー消費効率にはトップランナー制度が採用
されており、製造・輸入事業者に対しエネルギー消費効率の表示を求めている。
これに基づく表示制度が省エネラベリング制度であり、省エネ法で定めた目標
基準（トップランナー基準）への達成度合いをラベルに表示するものである。

② 建築物省エネ法

　建築物省エネ法は、一定規模以上の建築物についてエネルギー消費性能基
準への適合義務などを定めるものである [136]。建築物省エネ法に基づいた表
示制度として、建築物省エネルギー性能表示制度（BELS：Building–Housing
Energy–efficiency Labeling System）が設けられている。これは、第三者機関
が建築物の省エネルギー性能の評価および表示を実施する制度である。後述の
ZEB（Net Zero Energy Building）や ZEH（Net Zero Energy House）につ
いても表示できるようになっている。

4.6.3　工場の省エネルギー

　省エネはエネルギー起源の地球温暖化対策に有効であるだけでなく、企業の
経営力向上に資する取り組みである。省エネは原価であるエネルギーコスト削
減に直結し、そのまま利益の向上につながる。
　省エネの基本は、エネルギー使用の現状を把握することから始まる。中小企

業向けには、例えば一般財団法人省エネルギーセンターが、エネルギー使用の現状を把握し改善ポイントをコンサルティングする省エネ最適化診断をおこなっている（2021年現在）。省エネの施策は、運用にて実施可能な施策と投資が必要な施策に分類される。運用にて実施可能な施策は、例えば不要時の消灯などの従業員の行動の変化で対応でき、追加コストをともなわないものである。投資が必要な施策は、投資対効果を見極めながら実行要否の判断をおこなう。省エネに関する投資においては、初期投資がかかってもエネルギーのコストダウンにつながり、それが単年度だけでなく設備が運転される期間中は継続するという特徴がある。省エネルギーセンター『工場の省エネルギーガイドブック 2021』によると、工場の省エネ診断を受けて改善提案をした対象設備の割合は、照明（19.9％）、空調・換気・冷凍冷蔵設備（18.3％）、コンプレッサー（16.4％）、蒸気・温水ボイラ・給湯・配管（10.7％）、生産設備・他の設備（9.9％）、一般管理・生産管理（8.0％）、などとなっている[137]。

　工場におけるエネルギー利用最適化をおこなうためのシステムを、工場エネルギー管理システム（FEMS：Factory Energy Management System）とよぶ。FEMS は、工場全体のエネルギー消費を削減するため、ICT を活用して受配電設備のエネルギー管理や生産設備のエネルギー使用・稼働状況などを把握し、みえる化や各種機器制御をおこなうシステムである。エネルギー使用量を監視し、ピーク電力の調整や空調・照明機器・生産ラインの運転制御などをおこなう。これによって、工場全体でのエネルギー利用の最適化をおこなう。

4.6.4　ビルの省エネルギー

　ビルの省エネも工場と同様に、運用にて実施可能な施策と投資が必要な施策に分類される。運用にて実施可能な施策としては、例えば、室内の温湿度の適正管理（例：冬季 20°C、夏期 28°C）がある。省エネルギーセンター『ビルの省エネルギーガイドブック 2021』によると、ビルの省エネ診断を受けて改善提案をした対象設備の割合は、空調・換気（37％）、照明（28％）、ボイラ給湯・配管（7％）、受変電設備（6％）、などとなっている。ビルのエネルギー使用量は空調や照明が多いことを反映している[138]。

4

環境問題解決の手法

　ビルにおけるエネルギー利用最適化をおこなうためのシステムを、ビル・エネルギー管理システム（BEMS：Building and Energy Management System）とよぶ。BEMS は、業務用ビルなどの建物内のエネルギー使用状況や設備機器の運転状況を ICT 技術により把握し、エネルギーの供給設備と需要設備を監視・制御し、需要予測をしながら、設備機器の最適な運転制御を自動でおこなうシステムである。

　建物で消費する年間の一次エネルギーの収支をゼロにすることを目指した建物のことを ZEB（Net Zero Energy Building）という。省エネでエネルギー消費量を下げ、創エネ（主に太陽光発電）で自家発電をおこなうことによって、ビルのエネルギー消費量をプラスマイナスでゼロにするものである。

4.6.5　家庭の省エネルギー

　家庭の省エネの基本的な施策は、無駄な電気を使わない節電と、照明器具・エアコン・テレビ・冷蔵庫・洗濯機などの日常的に使う家電製品の省エネ化である。また、住宅の新築やリフォームにおいては、断熱・遮熱化が大きな効果をもつ。

　家庭では創エネ設備や蓄エネ設備が普及しつつある。住宅用太陽光発電の導入量は、FIT 制度開始後に急増し、2019 年度時点で約 267 万件（住宅全体の 9％）に導入されている[139]。今後、住宅用太陽光発電は、FIT 制度適用期間の 10 年間が終了する設備が増加していくため、売電ではなく自家消費での利用が増加すると考えられる。その場合に重要となるのが蓄エネ設備であり、定置型蓄電池が住宅に普及していくことが見込まれる。蓄電池は価格競争によりコストダウンが進んでおり、今後普及期に入るとみられる。別の蓄エネ設備としては、エコキュート（ヒートポンプ給湯機）がある。エコキュートはヒートポンプ技術を利用して空気の熱で湯を沸かす電気給湯器である。太陽光発電の余剰電力で湯を沸かして熱としてエネルギーを蓄え、湯としてエネルギーを取り出すという使い方があり得る。電熱併給設備としては、エネファーム（家庭用燃料電池）が導入期に入っている。エネファームは、都市ガスや LP ガスから取り出した水素と空気中の酸素を化学反応させて電気を作り出すシステムで

ある。このときに発生する熱で湯を沸かして給湯に利用でき、電気と熱の両方を作り出すことで効率的なエネルギー利用ができる。

将来的には、定置型蓄電池の代わりに、電気自動車に積まれたバッテリーを蓄電池として使う方法もある。停車時の電気自動車に日中は太陽光発電の電気を蓄え、夜間にその電気を家庭で使うという方法が考えられている。電気自動車の蓄電池は 24 〜 100 kW h 程度であり、定置型蓄電池の容量 4 〜 12 kW h と比較して、十分な容量をもっている。このように電気自動車を家庭の太陽光発電の蓄電池として使う仕組みは V2H（Vehicle to Home）とよばれ、研究が進められている。

FEMS や BEMS と同じように、住宅全体のエネルギー利用最適化をおこなうためのシステムを、HEMS（Home Energy Management System）とよぶ。HEMS は、家電のエネルギー消費量を可視化し、積極的な制御をおこなうことで、省エネやピークカットの効果を狙うシステムである。HEMS と一緒に導入される、通信機能を備えた電力量計であるスマートメーターによって、リアルタイムの電力量モニタリングや遠隔検針・遠隔開閉がおこなえるようになる。HEMS などの ICT 技術を使って家庭内のエネルギー消費が最適に制御された住宅は、スマートハウスとよばれる。

ZEB と同様に、住宅で消費する年間の一次エネルギーの収支をゼロにすることを目指した建物のことを ZEH（Net Zero Energy House）とよぶ。『第 6 次エネルギー基本計画』（2021 年）では、2030 年以降に新築される住宅・建築物について、ZEH・ZEB 基準の水準の省エネルギー性能の確保を目指すとしている [23]。

4.6.6 運輸部門

日本の CO_2 排出量のうち、運輸部門からの排出量は約 2 割を占めている。その運輸部門のうち、約 9 割は自動車が占めている [140]。運輸部門において最も効果が高い省エネ施策は、クリーンエネルギー自動車の普及である。クリーンエネルギー自動車は、走行時の CO_2 排出量が少ない、または排出されない自動車のことであり、ハイブリッド自動車（HV）、電気自動車（EV）、

プラグインハイブリッド自動車（PHV）、燃料電池自動車（FCV）、クリーンディーゼル自動車（CDV）、天然ガス自動車（CNGV）がこれにあたる。この中で、近年注目を浴びているのが電気自動車である。電気自動車は、再生可能エネルギー由来の電気を用いれば、CO_2 をまったく排出しないことになる。世界では電気自動車が普及期に入っている。

BloombergNEF『Electric Vehicle Outlook 2021』によると、電気自動車は、2020 年では世界の自動車販売台数のうちの 4 ％ であるが、2040 年には70 ％ を占めると見込まれている [89]。2040 年には世界で 6 億台 が電気自動車に置き換わっていると予想されている。この背景には、各国の政策誘導がある。イギリスでは 2030 年まで、EU では 2035 年までにガソリン車とディーゼル車の新車販売を禁止する方針を示している。COP26（2021 年）では、イギリス、スウェーデン、カナダなど 24 か国が、ガソリンを使う新車の販売を主要市場で 2035 年までに、世界全体では 2040 年までに終えると宣言した。アメリカは 2030 年までに乗用車新車販売の 50 ％ を電気自動車／燃料電池自動車とする目標を示している。日本政府も『2050 年カーボンニュートラルに伴うグリーン成長戦略』（2020 年）において、遅くとも 2030 年代半ばまでに乗用車新車販売の 100 ％ を電動車（電気自動車、燃料電池自動車、プラグインハイブリッド自動車、ハイブリッド自動車）とする目標を掲げている。

電気自動車と合わせて、燃料電池自動車も普及が期待されている。燃料電池自動車は、水素を燃料として車載し、取り入れた空気中の酸素と水素により燃料電池により発電をおこない、それを原動力として走行する車である。再生エネルギーで電気分解をおこない生成した再生可能エネルギー由来水素を用いれば、CO_2 フリーの自動車となる。

電気自動車や燃料電池自動車を普及させるにあたり課題となっているのが、充電インフラである。電気自動車が登場した当初は、電気自動車は充電インフラがなければ普及しない一方、充電インフラは電気自動車が普及していなければ整備しても採算が成り立たないという、いわば「鶏と卵」の課題がある。2020 年時点で充電器を設置している施設数は約 18,000 か所 に上っている。設置場所は、コンビニエンスストア、商業施設、道の駅、高速道路のサービスエリア／パーキングエリア、宿泊施設、カーディーラーなどの広範にわたる。

一方、燃料電池自動車に水素を供給する水素ステーションを設置している施設数は、2021 年時点で計 140 か所 程度にとどまっており、インフラ整備が今後の燃料電池自動車普及の課題になっている[141]。

4.7　ライフサイクルアセスメント（LCA）

4.7.1　LCA の概要

　産業と環境の関係を生態学に模した産業エコロジー（Industrial Ecology）という概念がある[142]。産業エコロジーとは、環境への悪影響を評価し最小化するための、産業と環境の相互作用や物質フローに関するアプローチのことをいう。例えば、産業エコロジーにおいては、廃棄物（wastes）だったものは残余物（residues）という位置づけで物質循環の一部に組み込まれるようになり、循環型社会のサイクルの一部となる。産業エコロジーに基づき、製品・サービスの物質の流れや環境影響の評価をおこなう手法がライフサイクルアセスメント（Life Cycle Assessment：LCA）である。

　製品・サービスのライフサイクルフローには、図 4.1 のように、資源採取、生産、流通・販売、使用、廃棄・リサイクルという段階がある。資源採取の段階においては、自然資源を採取して製品の製造に必要な原料を調達する。生産においては、資源採取で調達した原料に加え、電気、石油、水資源などのユーティリティ資源の投入がおこなわれ、同時に大気・水への汚染物質や廃棄物が自然界に排出される。流通・販売段階においては同様に、エネルギー・資源の利用、および汚染物質・廃棄物の排出がおこなわれる。使用段階においては、消費者が製品・サービスを利用する際に、エネルギー・資源の利用、および汚染物質・廃棄物の排出がおこなわれる。最後のライフサイクルステージである廃棄・リサイクル段階においては、廃棄物が排出される。廃棄・リサイクル段階でリサイクルを進めることは、廃棄物を削減するのみならず、リサイクル素材を別の製品で使用することで資源採取を減らすことにつながり、社会システム全体で資源採取の環境負荷を少なくすることにもつながる。

　LCA は、製品・サービスが環境に与える影響を、資源採取から廃棄の段階

図 4.1　製品・サービスのライフサイクルフロー

まですべてのライフサイクルステージについて追跡して、定量的に評価する手法である。LCA を実施することで、サプライチェーン全体にわたる環境負荷の低減や、活動に関わる代替案の検討につなげることができる。また、資源利用などで余剰の工程がみつかれば、それを改善しコストを削減するヒントもみつけることができる。例えば、一番水を消費しているのはどのステージか、大気を汚染しているのはどのステージか、製造工程から出る副産物を再利用できないか、製品の再利用率を上げることは可能か、大量に廃棄物を出す非効率なステージはどこか、などの環境負荷の現状を数値によって把握できる。これをもとに企業は、具体的な改善策を考えることができる。

　LCA は製品・サービスの環境負荷を測る基本的な手法であるが、実施にはある程度の専門性が要求される。このため、企業が初めて LCA を実施する場合には、担当者が専門家の講習を受けることや、コンサルティング会社からサポートを受けるなどで能力開発をおこない、計算自体は LCA のデータベースやソフトウェアを用いて実施するケースが多い。LCA のソフトウェアとして代表的なものは、MiLCA（サステナブル経営推進機構販売）、LCA–Passport（みずほリサーチ&テクノロジーズ販売）、GaBi（Sphera Solutions 販売）、SimaPro（PRe Consultants 販売）、などがある。

4.7.2　LCA の実施方法

　LCA に関する国際規格である ISO14040 では、製品・サービスのライフサイクルを通しての環境側面と潜在的環境影響を次の事項にしたがって分析、評価するように規定している。LCA の枠組みは、図 4.2 のようなものになる。

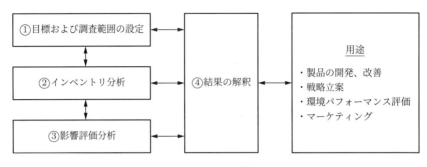

図 4.2 LCA の枠組み

LCA は、次の事項において有効性を発揮するものであるとされている。

- 製品の環境改善余地の特定
- 組織がおこなう戦略立案や優先順位の設定、製品・工程の設計、再設計における意思決定
- 環境パフォーマンス（設定した目標達成度など）の適切な指標や測定技法の選択
- 組織の環境主張、製品の環境宣言、環境ラベリングなどによるマーケティング

以下では、LCA の実施方法を整理する。

① 目的および調査範囲の設定

調査結果の用途、調査を実施する理由、調査結果を伝えようとする相手、調査をどの程度の深度でおこなおうとしているのか、などを目的と照らし合わせながら設定する。また、製品・サービスの特性を把握した上で、どのようなライフサイクルステージの範囲（バウンダリー）で、どのような環境負荷を調査対象とするのかを設定する。LCA の評価の対象は、調査を実施する目的にしたがって柔軟に設定できる。例えば、近年ではライフサイクルにおける温室効果ガスのみを対象として評価することも多く、これは後述のカーボンフットプリントの評価となる。また、水資源利用だけを評価すれば、ウォーターフット

プリントの評価となる。

② インベントリ分析

　インベントリ分析（Life Cycle Inventory Analysis）は、製品のライフサイクルにおける入力および出力を定量化するための、データ収集および計算を意味する。このデータが影響評価分析への入力情報になる。このデータそのもので解釈をおこなう場合もある。一般的に、LCA では製品・サービスのライフフローは前出の 図 4.1 のように資源採取、生産、流通・販売、使用、廃棄・リサイクルの 5 つステージにわかれる。インベントリ分析では、それぞれのライフサイクルステージで投入される資源やエネルギーが入力となり、一方で排出物などの定量評価結果が出力となる。ライフサイクルインベントリにおける入力・出力の諸要素は図 4.3 のようなものになる。

　インベントリ分析を実施するにあたって、LCA 実施者が直接測定するなどで自ら収集するデータを「一次データ」（またはフォアグラウンドデータ）という。一方、直接測定した情報源から得られたデータではなく、文献やデータベースなどから引用するデータを「二次データ」（またはバックグラウンドデータ）という。LCA を実施するにあたって最も時間がかかるのが、一次データの収集である。二次データはデータの精度が一次データよりも低いため、一次データが利用可能でない場合、または一次データを得ることが現実的でない場合に使用されるのが原則である。ただし、評価する製品・サービスが複雑になるほど、調達する素材や部品などの川上まで遡って一次データを取得するのは非常に困難になる。このため、実務上は素材や部品などの調達による入出力については既存の文献や LCA データベースの二次データを使うことが現実的な方法となる。出力は、入力された投入資源と環境負荷の排出原単位とを乗じて計算することになる。排出原単位は既往の文献やデータベースで整理されたものを用いる。

③ 影響評価分析（インパクトアセスメント）

　影響評価分析（Life Cycle Impact Assessment）では、インベントリ分析の結果を利用して、環境に影響を及ぼす各項目（例えば CO_2、NOx、SOx など）

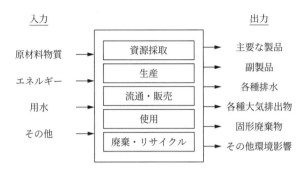

図 4.3　ライフサイクルインベントリの諸要素

4

環境問題解決の手法

が、どの環境問題（地球温暖化、大気汚染など）に対して、どのような影響を及ぼすかを定量的に評価する。インベントリデータを特定の環境影響と関連付け、それらの影響を分析する。影響評価の概念は 図 4.4 のようになり、その手順は分類化、特性化、正規化、統合化からなる。

　分類化では、環境に影響を及ぼす各項目（インベントリ項目）が、どのような環境問題（インパクトカテゴリ）に影響を及ぼすのかを関係付ける作業をおこなう。特性化では、各インパクトカテゴリに関連するインベントリ項目が、どの程度影響を及ぼすのかを定量的に示す。例えば「地球温暖化」というインパクトカテゴリに対しては、CO_2 やメタン、フロンなど複数の温室効果ガスが影響を及ぼすが、それぞれの影響の度合について、地球温暖化係数（Global Warming Potential：GWP）をもとに共通の単位（CO_2 換算重量）に換算し、その値を集計する。正規化では、特性化によって得られた、ある範囲を対象とするインパクトカテゴリごとの環境影響指標（例：ある製品のライフサイクルにおける温室効果ガス排出量）を、ほかの特定の範囲で算定された、同じカテゴリの環境影響指標（例：日本国内における温室効果ガス排出量）と比較した値を算出する。これにより、各インパクトカテゴリについての結果を相対的に評価することが可能となる。統合化では、さまざまなインパクトカテゴリにおける環境影響指標を 1 つの指標（数値）にまとめ、統合評価をおこなう。統合化では、影響領域を分類し（グルーピング）、異なるインパクトカテゴリに対し重み付けをおこない、統合化指標を算出する。統合化の方法には、費用換算

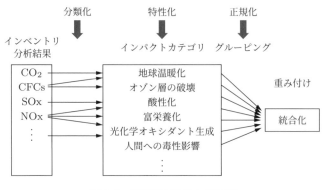

図 4.4 影響評価分析の概念図

法やパネル法などの方法がある。

④ 結果の解釈

結果の解釈では、目的および調査範囲の設定にしたがって、インベントリ分析および影響評価分析から得られた結果を、意思決定の基礎として要約して説明する。

4.7.3 LCA の利用例

① タイプ III 環境レベルとカーボンフットプリント

製品・サービスの環境情報を消費者に伝えるツールである環境ラベルのうち、製品・サービスの環境情報を数値で示すタイプ III 環境ラベルには、LCAが用いられる。タイプ III 環境ラベルでは、製品・サービスのライフサイクル全体の環境影響を LCA の手法で定量的に評価し、消費者にデータとしてわかるように表示する。LCA の結果は、第三者による検証がおこなわれることで、分析の信頼性を担保する仕組みとなっている。なお、環境ラベルについては「4.9.4 環境ラベル」 でも言及する。

日本ではタイプ III 環境ラベルとして、一般社団法人サステナブル経営推進機構が運営事務局となった 「エコリーフ環境ラベルプログラム」 が 2000 年か

ら運営されている。同プログラムでは、製品種別の算定の基本ルールである製品カテゴリルール（Product Category Rule：PCR）が策定・認定・公開され、各製品はPCRに則って算定をおこなう。算定結果は、専門性をもった検証員による検証を受けるとともに、専門家で構成するレビューパネルのチェックを受けることで、LCAの結果について第三者性が担保される仕組みとなっている。運営事務局に登録された製品・サービスには、プログラムのラベルを貼付できる。

　LCAのうち、近年社会の関心が高い地球温暖化に関わる部分に焦点を当て、製品・サービスのライフサイクルにおける温室効果ガスの評価をおこなう手法がカーボンフットプリント（Carbon Footprint of Products：CFP）である。カーボンフットプリントでは、製品・サービスのライフサイクルにおける温室効果ガスをCO_2に換算して算出する。製品・サービスの購入による地球温暖化への影響を知りたいという消費者のニーズに応えるため、日本では2008年からカーボンフットプリントコミュニケーションプログラム（CFPプログラム）という環境ラベルが運営されている。なお、CFPプログラムは2017年よりエコリーフ環境ラベルに統合されている。

② ウォーターフットプリント

　ウォーターフットプリントは、LCAのうち水資源の利用による環境影響に焦点を当て、その潜在的な環境影響をライフサイクル全体で定量的に評価する手法である。ISO14046において、ウォーターフットプリントに関する国際規格が定められている。

　ウォーターフットプリントは、環境への影響を評価することを目的としているため、使用した水量を単純に積み上げるのではなく、水利用によって生じる水量および水質の変化を捉え、その変化が環境に与える影響を評価する。水資源の枯渇（水を消費することの影響）と水質汚濁（水質汚濁物質を排出することの影響）について考慮した上で、評価の目的に応じて影響領域を選択する。ウォーターフットプリント評価は、水量と水質にわけてそれぞれ実施される。影響評価までの流れは、①インベントリ分析、②影響領域の選択、③特性化、④統合化の4段階で実施され、目的に応じて①〜④のどの段階まで評価するか

を判断する[143]。

4.8　環境に配慮した製品開発

4.8.1　環境配慮設計

環境配慮設計（Design for Environment：DfE）とは、製品のライフサイクル全般にわたって、環境を考慮した設計である。環境適合設計やエコ・デザインともよばれる。単に設計の段階だけでなく、調達、製造手法、廃棄物管理なども広く含むマネジメント活動全般に関わることが特徴である。環境配慮設計における主要な配慮要素としては、資源の有効利用、3R、廃棄物処理／リサイクルの容易性、省エネルギー、特定化学物質の使用制限などが挙げられる。

環境配慮設計の実施によって企業が得られるメリットには

- 製品の原価、ランニングコスト、廃棄コストの低減による競争力の向上
- 顧客へのアピールによるグリーンコンシューマーの取り込み
- 環境関連の情報収集の効率化
- 環境対応に関するリスクの低減
- 将来的に強化される可能性のある法規制の適用リスクの低減

などが挙げられる。

国際規格の IEC62430 では、環境配慮設計の要求事項が示されている[144]。環境に配慮した製品設計は、電機や自動車などの各業界団体がガイドラインを作成することなどによって推進されている。例えば、一般財団法人家電製品協会の『家電製品 製品アセスメントマニュアル 第 5 版』（2015 年）では、環境配慮設計の評価項目とその目的を **表 4.2** のように整理している[145]。

「4.7 ライフサイクルアセスメント（LCA）」で詳述した LCA は、環境配慮設計に活用できる。LCA によって製品のライフサイクル全体における環境負荷を定量的に評価した上で、より環境負荷の少ない製品に設計段階で改善できる。LCA のほかに、環境配慮設計を実施するための支援ツールとしては、QFDE（Quality Function Deployment for Environment：環境調和型品質機

表 4.2 家電製品の製品アセスメントマニュアルにおける評価項目とその目的

評価項目	目的
減量化、減容化	• 限りある資源の使用量の削減 • 廃棄物発生の抑制
再生資源、再生部品の使用	• 資源の循環利用の促進
包装	• 包装材の省資源、リサイクルなどの促進 • 包装材の減量化、減容化などによる流通段階での環境負荷低減
製造段階における環境負荷低減	• 環境負荷物質や廃棄物の削減、省エネなどによる環境負荷低減
輸送の容易化	• 製品輸送の効率化
使用段階における省エネ・省資源など	• 消費電力量などの削減や資源の有効利用、廃棄物の発生量の削減
長期使用の促進	• 製品の長期間使用による資源の有効利用、廃棄物の発生量の削減
収集、運搬の容易化	• 使用済み製品の収集、運搬の効率化
再資源化などの可能性の向上	• 使用済み製品の処理の際に再利用しやすい材料を使うことでリサイクルなどを促進
手解体、分別処理の容易化	• 使用済み製品のリサイクルなどの容易化
破砕、選別処理の容易化	• 強固な部品や油漏れ、磁石などによる破砕機へのダメージや工程への悪影響の防止 • 破砕後の混合物の選別
環境保全性	• 法令、業界の自主基準などで決められた環境負荷物質の使用禁止、削減、管理 • 使用段階やリサイクル処理、処分段階での環境保全性の確保
安全性	• 爆発の危険性や火傷、けがなど、安全性の確保とリスクの削減
情報の提供	• 必要情報をふさわしい表示方法で提供し、使用、修理、処理を適切に実施
LCA	• 製品のライフサイクルでの環境負荷を定量的に事前評価し、設計段階で改善を図り、環境負荷を低減

出典：『家電製品 製品アセスメントマニュアル 第 5 版』（一般財団法人家電製品協会、2015 年）

能展開）という手法がある。QFDE は、製品開発の初期段階で環境への配慮を取り込むために開発された手法である。QFDE は、QFD（Quality Function Deployment：品質機能展開）という製品企画の段階で広く産業界において利用されているツールを環境側面に対応させたものである。QFD はユーザーによる製品に対する要求を品質特性に変換し、顧客を満足させる品質を確保するための手法である。具体的には、顧客要求を品質特性と関連させてマトリクス

化して分析し、最重視すべき品質を明確化する方法が取られる。それにより設定した品質が得られる設計意図を開発仕様策定や製造工程検討にまで展開していくことを目的とする。QFD の手順は通常、①品質展開、②技術展開、③コスト展開、④信頼性展開、という 4 段階のプロセスで評価をおこなう。QFDE では、環境への配慮を環境品質として捉え、QFD の①品質展開および②技術展開に相当する部分に対して環境側面を取り組む手法となる [146]。

4.8.2　化学物質

　化学物質は、製品に利用されることでさまざまな性能をもたせることができる。科学の発展とともにその種類は増え、世界で約 10 万種類、日本で約 5 万種類が存在しているといわれる。製品は化学物質なしに製造できないが、一方で適切に取り扱われなければ環境汚染を通じて人の健康や生態系に好ましくない影響を与える。当初有害でないと考えられた化学物質であっても、その後の科学の知見が深まるにつれて有害であることが判明する物質も存在する。企業は製品における化学物質の適正な使用や情報公開を怠ると、製品の販売への影響や、さらには企業全体のレピュテーションリスクにつながる可能性がある。

　日本では、企業における化学物質の使用は、「化学物質の審査及び製造等の規制に関する法律」(化審法) や、化学物質排出把握管理促進法 (化管法、または PRTR 法) に基づく PRTR 制度 (Pollutant Release and Transfer Register) で管理されている。化審法では、すべての化学物質について、一定数量以上を製造、輸入した者は、毎年度その数量などを国に届け出なければいけない。特にリスクの高い化学物質 (第一種特定化学物質) は、特定の用途 (人や環境への被害が生じるおそれがない用途) を除いて、製造・輸入が禁止される。リスクが高いと評価された化学物質 (第二種特定化学物質) については、製造・輸入予定数量および実績の届出が必要となる。また PRTR 制度は、有害なおそれのある化学物質が、事業所から環境 (大気、水、土壌) へ排出される量および廃棄物に含まれて事業所外へ移動する量を、事業者が把握して国に届け出をおこない、国は届出データや推計に基づいて排出量・移動量を集計・公表する制度である。そのほか、化管法における指定化学物質の取扱事業者は、指定化

学物質を他事業者に譲渡、提供するときは、物質の性状および取り扱いに関する情報である SDS（Safety Data Sheet）を相手方に提供する必要がある。

多くの日本の企業にとって、化学物質の使用や化学物質を含む製品の販売は国内にとどまるものではなく、製品を輸出する際には海外での規制の適用を受ける。日本企業にとっても影響度合いが大きい化学物質規制としては、EU の RoHS 指令、WEEE 指令、REACH 規制がある。RoHS 指令は、電気電子機器に含まれる有害物質の使用制限を定めた EU 指令であり、2006 年に EU で発効された。RoHS 指令とセットで発効された WEEE 指令は、電気電子機器のリサイクルを容易にするため、また、処分時に人や環境に影響を与えないようにするため、EU で販売する電気電子機器に有害物質を非含有とさせることを目的としている。具体的には、カドミウム、鉛、水銀、六価クロムなどの 10 物質の使用が規制されている。REACH 規制は、人の健康や環境を保護するために化学物質を管理する EU の規制であり、2007 年に EU で発効された。REACH 規則では、既存・新規を問わず EU 域内で 1t/年以上の化学品を販売するには、欧州化学品庁（ECHA）への登録が必要となる。製品についても、意図的な放出がある場合の登録や、有害性に関して高い懸念のある物質が含まれている場合は届出や情報伝達などの対応が必要となる。サプライチェーン全体における情報伝達が義務付けられているため、サプライチェーンの川下企業は、川上企業に対して含有物質の情報提供を求める必要がある。

これらの規制を受けて、製品の設計時には、同等の機能をもつ環境影響の少ない物質が選ばれるようになっている。例えば、電子回路などの基板で使用されるはんだは、従来は鉛が用いられていたが、鉛は人体に有害な物質である。RoHS 規制において、電子・電子機器への鉛の使用が原則として使用が禁止されたため、鉛を含まない鉛フリーはんだへの切り替えが進められるようになった。多くの企業はサプライチェーンの中での化学物質の管理を進め、環境への影響が少ないグリーン調達をおこなうようになっている。

4.8.3　エコマテリアル

エコマテリアルとは、優れた機能や特性を保ちながら人にも環境にも優しい材料という意味で使われる。例えば、リサイクルできる材料や有害物質フリーの材料、少ないエネルギーやクリーンな条件で製造できる材料、汚れた水や空気をきれいにする材料、少量で高い性能を発揮できる高効率・省資源な材料などがエコマテリアルと考えられている。

4.8.4　再生原料の使用

再生原料（または再生材、リサイクル原料）をバージン原料の代わりに使用することは、循環型社会の中で資源の有効利用を進めるために重要な取り組みである。企業はコストと品質を勘案しながら、再生原料を製品の中で用いている。近年では、消費者の循環型社会への関心の高まりを受け、製品における生原料の利用率を高める取り組みが増えている。

各種のリサイクル法では、分別回収とリサイクルの仕組みを構築し、寿命を終えた製品が付加価値の高い再生原料として再生利用されることを目指してきた。鉄、アルミニウム、銅などの金属類の再生原料は、回収と再生利用がおこなわれる経済システムが構築されている。鉄、アルミニウム、銅のそれぞれについて、原料の約 3 割にリサイクル原料が用いられている。また、古紙、缶、ビンなど、分別回収の社会システムが構築されていて再生原料として利用しやすいものは、多くがマテリアルリサイクルされている。紙・板紙における古紙利用率およびガラスビンにおけるリサイクル率はそれぞれ約 6 割と、高い割合で再生原料が使用されている[147]。また衣類などで、再生原料の利用比率を高めてブランディングをおこない、製品の価値を高めている事例もある。

4.9　環境コミュニケーション

4.9.1　環境コミュニケーションとは

　環境コミュニケーションとは、企業からの環境情報の発信の手段であり、環境マーケティングの基盤となる活動である。その手段としては、環境・サステナビリティに関する報告書、環境会計、環境ラベルなどがある。

　企業が環境コミュニケーションをおこなうことのメリットは、ブランディングによる企業価値や製品価値の向上がある。環境に配慮した製品の情報を適切に公開することで消費者がその製品を購入するようになれば、製品の売り上げに結び付くとともに、環境配慮製品の普及で社会全体の環境負荷が軽減されるようになる。企業活動に対しては、自社の取り組みが消費者から評価されることで、ブランド価値や顧客ロイヤリティ向上につながる。近年では、消費者は広告やプロモーションなどに現れる企業の製品・サービスの情報だけでなく、その背後にある企業活動の適切さを評価する傾向が強まっている。環境コミュニケーションにより、企業が社会的責任を果たしていることを外部に示せれば、消費者から選ばれる企業となる可能性も高まる。環境コミュニケーションの実施は、当然ながら消費者に評価される活動を実際におこなっていることが大前提となる。現在では、大企業・中堅企業を中心に環境コミュニケーションが積極的に進められており、それはとりもなおさず多くの企業に環境配慮行動が浸透していることを示している。

4.9.2　報告書

① CSR 報告書

　CSR 報告書とは、企業の CSR 活動を対外的に示す報告書である。企業によって CSR 報告書、サステナビリティ報告書、社会環境報告書、環境報告書、ESG 報告書など、さまざまな呼称で発行されているが、いずれも企業の経済・社会・環境面での取り組みについて記載したレポートであるという共通点をもっている。1990 年代後半から環境報告書が先に普及し、その後 2000 年代半

ば頃から CSR の概念が普及したことで環境報告書から記載内容を拡充させて CSR 報告書などに移行したケースも多く、明確な線引きが設けられているわけではない。主には年次で CSR に関する取り組み状況や、関連する目標に対する達成状況などが記載される。近年では、SDGs が意識された目標設定や取り組みがなされる傾向がある。日本では大企業の 99 % が、CSR や環境・サステナビリティに関わる報告書を公表している[79]。

② 統合報告書

　近年では、ESG に関わる企業活動を、統合報告書という形で公表している企業が増えている。統合報告書とは、財務情報とともに経営戦略や社会貢献などの非財務情報を幅広くまとめた報告書である。ESG への取り組みをアピールし、投資家との対話を進めるうえで有効なツールとして注目されている。統合報告書では、それまで CSR 報告書などの非財務情報が、有価証券報告書などの財務情報と別々に提供されていたものを統合し、組織の総合的な価値創造プロセスを伝達することが目的となっている。統合報告書は、消費者へのブランディングが意識される傾向がある CSR 報告書に対して、投資家を意識している点に特徴があり、ESG 投資をおこなう投資家などから特に注目を受けている。財務情報が企業の財政状態・経営成績に関する情報であることに対して、非財務情報とは経営戦略・経営課題、リスクやガバナンスに関する情報であり、社会・環境問題に関する事項（いわゆる ESG 要素）が含まれる。その中でもとりわけ自社のサステナビリティ活動に関する情報を積極的に公開している企業が多いため、非財務情報はサステナビリティに関する情報と捉えられることが多い[148]。

　統合報告書で求められる要求事項としては、国際統合報告評議会（International Integrated Reporting Council：IIRC）が策定した「国際統合報告フレームワーク」が基準となり得る[149]。国際統合報告フレームワークでは、統合報告書の要素として、「組織概要と外部環境」、「ガバナンス」、「ビジネスモデル」、「リスクと機会」、「戦略と資源配分」、「実績」、「見通し」、などの情報を提供することとしている。

　この中で、気候変動・資源・生態系といった環境問題は「組織概要と外部環

境」の中で検証する項目とされている。環境問題は、外部環境として組織に対して直接的・間接的に影響を与え得るからである。

4.9.3 環境に関する会計

① 環境会計
環境会計とは、企業が事業活動における「環境保全コスト」、「その活動の環境保全効果」、「環境保全対策にともなう経済効果」、を可能な限り定量的（貨幣単位又は物量単位）に測定し伝達する仕組みである。環境会計の情報は、環境報告書などを通じて開示されることが推奨されている[150]。

② 環境管理会計
環境管理会計は、企業の環境対応と経済活動を結び付けて評価する手段である。環境管理会計には、「マテリアルフローコスト会計（Material Flow Cost Accounting：MFCA)」、「ライフサイクルコスティング（Life Cycle Costing：LCC)」、「環境配慮型設備投資決定」、「環境配慮型原価企画」、「環境予算マトリックス」、「環境配慮型業績評価」、などの手法がある。このうち、「環境配慮型設備投資決定」、「環境配慮型原価企画」、「環境予算マトリックス」、「環境配慮型業績評価」は、既存の管理会計手法をベースに環境の要素を付け加えたものである。

一方、「MFCA」と「LCC」は、既存の原価計算システムとは別に、独自のデータベースを用いる手法である。ここでは、代表的な環境管理会計の手法であるMFCAとLCCに関して述べる。MFCAとLCCの関係は、MFCAは製造プロセス全体の原価計算を指向し、LCCは製品の原価計算を指向するという意味で、相互補完的な位置づけになる[151],[152]。

■マテリアルフローコスト会計（MFCA）　MFCAは、製造プロセスにおけるマテリアル（原材料）の流れを物量単位と貨幣単位で測定する総合的な会計手法である。製造工程におけるマテリアルの流れを適切に把握することによって、それまで見逃されてきたロス（廃棄物など）の経済的な大きさを評価する。これにより、企業は廃棄物削減による資源の保護とコスト削減に結び付け、資

源生産性を向上させることができる。MFCA の特徴は、最終的に製品にならずに廃棄処理される原材料費がどれくらいあるかを正確に把握するところにある。

■ライフサイクルコスティング（LCC）　LCC は、製品のライフサイクルを通じた費用を計上する手段である。環境影響評価手法である LCA に経済的視点を加える手法となる。製品には本来、企業内部でかかるコスト（企業コスト）のほかに、その製品が使用および廃棄される際にかかるコストもあり、これらを合わせたコストをライフサイクルコストという。企業が製品企画をおこなう際には、一般的に製品価格を決定するために製品製造を通じてかかる企業コストが算定される。LCC ではこれに加え、資源採取、素材製造、使用、廃棄までを含めた製品のライフサイクル全体を考慮したコストを評価する。さらに、LCA によって算定されるライフサイクル全体の環境負荷を社会的コストとして金銭的に評価する。

4.9.4　環境ラベル

　環境ラベル（またはエコラベル）とは、製品やサービスの環境側面について、製品自体や包装・製品説明書・広告などに書かれた文言・シンボル・図形・図表を通じて消費者に伝達する手段である。企業は自社製品の環境側面を PR でき、消費者は環境ラベルを基準にして環境負荷の少ない製品を選ぶことができる。これによって、企業と消費者の双方の行動を環境配慮型に変えていくことができる。

　環境ラベルは、ISO14024 ／ 14021 ／ 14025 によって、タイプ I（第三者認証によるラベル）、タイプ II（自己宣言による環境主張）、タイプ III（定量的環境情報表示）の 3 種類に分類されている [153]。タイプ I 環境ラベルの特徴は、第三者認証によって運営される、製品分類と判定基準を実施機関が決める、事業者の申請に応じて審査してマークを認可する、というものである。日本では公益財団法人日本環境協会が運営する「エコマーク」が著名である。タイプ II 環境ラベルの特徴は、製品における環境改善を市場に対して主張する、製品やサービスの宣伝広告に適用される、第三者による判断は入らない、というもの

である。企業が独自基準を満たしていることに対する自己宣言であるため、さまざまなものがある。タイプ III 環境ラベルの特徴は、合格・不合格の判断はしない、定量的データのみ表示、判断は購買者に任される、というものである。製品・サービスのライフサイクル全体の環境負荷を LCA に基づいて定量的に算出し、第三者による検証を得て公開するものである。日本では、一般社団法人サステナブル経営推進機構が運営する「エコリーフ環境ラベルプログラム」が主要なものである。

　日本で環境ラベルとして認知度が高いのは、「エコマーク」のほか、「再生紙使用マーク」（古紙パルプ配合率を示す自主的なマーク：3R 活動推進フォーラムの運営）や、「統一省エネラベル」（製品の省エネ性能の位置づけなどを表示：経済産業省の運営）などがある。サプライチェーンにおける環境配慮を示す環境ラベルとして認知度が高いものには、森林認証制度である「FSC 認証制度」（Forest Stewardship Council：森林管理協議会の運営）がある。これは、木材や木材製品の原料が、適切に管理されている森林から調達されていることを認証する環境ラベルである。持続可能で適切に管理されている漁業からの水産物を示す「MSC 認証制度」（Marine Stewardship Council：海洋管理協議会の運営）も、サプライチェーンにおける環境配慮を示す環境ラベルである。

　エコリーフ環境ラベルプログラムに代表されるタイプⅢ環境ラベルは、詳細に製品の環境負荷を示すことができるツールである。この環境ラベルがついた製品については LCA が実施されており、プログラムの運営団体の HP にアクセスすることで、LCA の結果を閲覧できる。「カーボンフットプリント」（CFP）は、LCA の対象を、消費者の関心が高い温室効果ガス排出量の部分に絞って表示を工夫したタイプⅢ環境ラベルである。CFP とカーボン・オフセット制度とを組み合わせ、CFP で算定した温室効果ガス排出量をカーボン・オフセットしてマークを付与する「どんぐりマーク事業」（経済産業省の運営）も運営されている。

　企業は環境ラベルを販促ツールに活用できる。例えば、エコマークは、国などの公的機関が率先して環境物品を調達する「国等による環境物品等の調達の推進等に関する法律」（グリーン購入法）において、調達判断の目安として活用されている。環境ラベルによって自社製品の環境性能を PR して、他社製品

4

環境問題解決の手法

151

との差別化に活用できる。省エネ統一ラベルでは、製品の省エネ性能を示すことで、使用時の電力使用量の特徴により差別化をおこなうことができる。どんぐりマークは、製品のライフサイクルから排出される CO_2 がオフセットされており、地球温暖化対策に貢献できることを示すことができる。FSC 認証制度や MSC 認証制度では、サプライチェーンの川上における環境配慮が証明されているため、川下の製品における環境配慮を担保する手段として、調達に活用されるケースが多い。

4.10　環境価値の取引

4.10.1　環境価値とは

　環境価値とは、経済価値と対比される環境の価値であるが、地球温暖化の分野で環境価値という言葉が用いられる場合、温室効果ガス削減の価値を評価する仕組みという意味で使われる。具体的な制度としては、排出量取引制度、カーボン・オフセット、グリーン電力証書、非化石証書などがある。これらは温室効果ガス削減の価値という意味では共通するが、評価、流通、使用方法などでそれぞれ特徴がある。温室効果ガス削減に取り組む企業は環境価値を創出して販売できる。逆に自社が実際におこなった取り組み以上に温室効果ガス削減に貢献したいのであれば、環境価値を購入することで地球温暖化対策への貢献を宣言できる。

4.10.2　排出量取引制度

　排出量取引制度とは、企業ごとに温室効果ガスの排出枠（キャップ）を定め、排出枠よりも実際の排出量が少ない企業と、排出枠を超えて排出した企業との間で取引（トレード）できる制度である。キャップ・アンド・トレード制度という言葉も使われる。制度の仕組みとしては、企業ごとに排出量に限度（キャップ）を設定し削減の取り組みを促す、排出量の取引（トレード）を認め柔軟性のある義務履行を可能とする、炭素への価値づけを通じて経済効率的に排出削減を促進する、というものである。取引できる排出量は、「クレジッ

ト」とよばれる。温室効果ガス削減に市場メカニズムを持ち込むものであり、社会全体で経済効率的に温室効果ガス削減をおこなうことが企図されている。企業によって、温室効果ガス削減の対策に要するコストには差があるため、市場メカニズムを通じてより安価な対策から効率的に実施することが制度の目的である。対策が進んでおり今以上の対策の実施には大きなコスト負担が必要となる企業は、クレジットを購入することで実際の対策実施に代替する。一方、排出削減に余力のある企業はキャップを越えて削減対策を実施することでクレジットを創出し売却することで経済的な利益を得て、さらなる排出削減対策に投資をおこなうことができる。

排出量取引制度は国家間、国・地域、地方自治体のそれぞれのレベルで制度が実施されている。国家間の排出量取引制度として代表的なものは、2012年まで京都議定書のもとで運用されていた CDM（Clean Development Mechanism）である。現在運用されている類似制度としては、日本政府が 17 か国との間で二国間文書を署名することで設計されている二国間クレジット制度（Joint Crediting Mechanism：JCM）がある。JCM は、日本企業による途上国への低炭素技術・製品・システム・サービス・インフラなどの普及や対策実施を通じて実現した温室効果ガス排出削減・吸収について、日本企業の貢献を定量的に評価し、日本の削減目標の達成に活用するものである。国・地域レベルでの制度としては、EU における欧州域内排出量取引制度（European Union Emissions Trading System：EU–ETS）が代表的なものである。EU–ETS は 2005 年から継続している歴史が長い排出量取引制度であり、世界の国内排出量取引制度のモデルとなっている。

日本でも国内排出量取引制度の議論はかねてからおこなわれているものの、国レベルでは義務的な排出量取引制度は実現していない。代わりにボランタリーな制度として、後述の J–クレジット制度がある。また、地方自治体レベルの制度としては、東京都が運営する排出量取引制度がある。これは 2010 年に国内で初めて導入された義務的な排出量取引制度である。東京都内のオフィスビルなど大規模事業所を対象として削減義務が設定されている。義務以上に削減をおこなった削減分がクレジットとして流通され、削減不足の事業者が活用できる。埼玉県も同様の排出量取引制度を運用しており、クレジットの流通

で東京都の制度と連携している。

　なお、排出量取引制度は、炭素に価格をつけるカーボンプライシングという政策手法の一種である。カーボンプライシングの手法には、ほかに炭素税の手法がある。炭素税は、化石燃料を燃焼した場合に排出される CO_2 の量に応じて徴収する税金である。日本政府によるこれらのカーボンプライシング制度の導入については、2000 年代半ばより断続的に議論が続いている。

4.10.3　カーボン・オフセット

　カーボン・オフセットとは、日常生活や経済活動において削減しきれない温室効果ガスの排出について、排出量に見合ったほかの場所での温室効果ガス削減活動に投資することなどによって埋め合わせる（オフセットする）という考え方である。排出量取引と近い概念であるが、排出量取引制度が主に義務的なものであるのに対し、カーボン・オフセットはボランタリーな取り組みである。企業は削減分であるクレジットを購入し、製品・サービスをカーボン・オフセットしたことを宣言する。「4.9.4 環境ラベル」 で述べた「どんぐりマーク」がこれにあたる。カーボン・オフセットは、製品だけでなく、イベントや旅行などのサービスも対象となる。企業によるクレジット購入を通じて、地球温暖化対策の活動に資金が流入することにより、社会全体での地球温暖化対策を実現することが企図されている。企業は、カーボン・オフセットした製品・サービスを環境の観点で差別化し、プロモーションに活用できる。消費者にとっては、カーボン・オフセットされた製品・サービスの購入を通じて地球温暖化対策に貢献できる。

　カーボン・オフセットに用いられるクレジットは、かつては海外の CDM で創出されたクレジットなどが用いられていたが、現在では国内の温室効果ガス排出削減事業によってクレジットを生み出す J–クレジットが用いられることが一般的である。J–クレジット制度は、日本国内での再生可能エネルギー・省エネルギー機器の導入や森林経営などの取り組みによる、温室効果ガスの排出削減量・吸収量をクレジットとして国が認証する制度である。J–クレジットは、カーボン・オフセットのみならず、RE100 達成のための再生可能エネ

ルギー調達量に換算できるほか、温対法・省エネ法の報告で温室効果ガス削減分・省エネ分としてカウントできる。なお、再生可能エネルギーについては、FIT 制度の認定を受けている発電設備の電力は J–クレジット制度の認定対象とはなっていない[154]。

4.10.4　グリーン電力証書

グリーン電力証書は、再生可能エネルギーによる電力の環境価値を切り出し、証書として流通させる仕組みである。グリーン電力証書を企業が購入すれば、その分のグリーン電力を使用したとみなされる。需要家は、電力会社から電力を利用する際に合わせてグリーン電力証書を購入することで、環境価値分のプレミアムを上乗せして支払う。これにより、需要家は消費電力のうち、グリーン電力証書を購入した分の電力が再生可能エネルギーによってまかなわれたとみなすことができる。発電会社は、プレミアムの上乗せによって、コスト高の再生可能エネルギーに対する投資を回収できる。

グリーン電力証書制度では、グリーン電力証書発行事業者が第三者認証機関からの認証を受けて証書を発行する。グリーン電力を購入した事業者は、購入した証書分の電力を再生可能エネルギー電力として RE100 などで主張する、温対法において証書分と同等の温室効果ガス排出量をマイナスにする、東京都・埼玉県の排出量取引制度において CO_2 排出義務量に充当する、小売電気事業者が顧客に販売する電力と同等の証書を組み合わせて「再生可能エネルギー 100 ％ プラン」などとして提供する、などの使い方ができる。なお、グリーン電力証書の対象となる電力は、FIT 制度の認定を受けていない電力である。

4.10.5　非化石証書

FIT 制度の認定を受けた再生可能エネルギーの環境価値は、非化石証書という形で取引されている。2018 年度から FIT 制度適用の電気が対象となり、2020 年度から FIT 制度適用の電気以外の再生可能エネルギーも対象となって

4

環境問題解決の手法

いる。FIT 制度の認定を受けた電気のもつ環境価値は、従来は賦課金負担に応じて全需要家に帰属するものと整理されていた。これに対し、非化石証書は再生可能エネルギーの非化石価値を顕在化させ取引を可能とするために設けられた制度である。FIT 制度適用の電気に関わる非化石証書は、FIT 制度上の費用負担調整機関が FIT 制度適用の電気の買取量に相当する非化石証書を、日本卸電力取引所を通じて小売電気事業者に売却するというスキームとなっている。価格はオークション方式で決定される。

　非化石証書がもつ環境価値は、エネルギー供給構造高度化法（高度化法）の非化石電源比率算定に利用、温対法において証書分と同等の温室効果ガス量をマイナスにする、小売電気事業者が需要家に対して付加価値を表示・主張することに利用、という使い方ができる。高度化法では、小売電気事業者は、自ら供給する電気の非化石電源比率を 2030 年度に 44 % 以上にすることが求められているため、非化石証書を購入するインセンティブがある。

4.11　地球温暖化適応策

　地球温暖化対策には「緩和策」と「適応策」の 2 つがある。一般的に地球温暖化対策という言葉が使われる際には、緩和策の意味で使われることがほとんどである。緩和策とは、再生可能エネルギーや省エネルギーなどによって温室効果ガスの排出を抑制することで、気候変動のスピードを緩和していく取り組みのことである。一方で、緩和策にも関わらず気候変動は不可逆的に進んでいく。パリ協定で目標としているように世界の平均気温上昇を産業革命以前に比べて 2 ℃ を越えないようにしたとしても、現在の気候を維持できるわけではなく、確実に気温上昇、海面上昇、水循環・気候の極端現象が頻発し、生命・健康・生態系・経済・社会・文化・インフラなどの広範囲にさまざまな影響を及ぼすことが予想されている。これに対し、気候変動を所与のものとして社会経済への影響を最小限とするため、社会経済の仕組みを気候変動の側に適応させていく取り組みが地球温暖化適応策である。かつては適応策を議論することは、緩和策を諦めるものと認識されがちなためタブー視されていた。近年では、実際に気候変動の影響が顕著となっていることを受けて、適応策に関する

社会の意識が高まりつつある。パリ協定においても、「適応に関する長期目標」「適応計画プロセスや行動の実施」「適応報告書の提出と定期的更新」など、地球温暖化適応策に関する事項が盛り込まれている。

気候変動が社会・経済に及ぼす影響は、例えば中央環境審議会『日本における気候変動による影響に関する評価報告書』（2015 年）に整理されている[155]。同報告書では、農林水産業、水環境・水資源、自然生態系、自然災害・沿岸域、健康、産業・経済活動、国民生活・都市生活のそれぞれの分野について、現在の状況や将来予測される影響などの整理をおこなっている。日本政府は「気候変動適応法」（2018 年施行）に位置付けられた『気候変動適応計画』（2018 年）において、分野別の施策を打ち出している[156]。

気候変動は、企業が事業活動をおこなうために欠かせない経営資源（従業員、原材料、資源、施設、資金、資産、技術、信頼性など）にさまざまな影響を与える。その影響には、自然災害による施設の損傷、従業員の被災などの突発的な影響や、気候パターンの変化による水資源・農産物・水産物・自然生態系の利用可能性の低下などの長期的な影響も含まれ、その範囲はサプライチェーン全体に及ぶ。これらの気候変動の影響は、生産能力の低下や運営コストの増加などのさまざまな形で企業の事業活動に影響を及ぼす[157]。その影響は国内にとどまらず、海外で活動している日本企業にとっては、海外での気候変動の影響も重大なものとなり得る。例えば、極端化する台風や洪水の影響でサプライチェーンが寸断されるリスクも大きい。

適応策に取り組む企業が得るメリットは、事業継続性を高める、気候変動の影響に対して柔軟で強靭な経営基盤を築く、ステークホルダーからの信頼を競争力拡大につなげる、自社の製品・サービスを適応ビジネスとして展開する、といったものがある。適応策につながるビジネス（適応ビジネス）は、企業にとっては新たな市場を生み出す側面がある。国連環境計画（UNEP）は、途上国の適応に関わる費用は 2050 年時点で年間最大 50 兆円に達すると推定している[158]。逆に考えると、この費用は適応策に対する製品・サービスを提供できる企業にとっての市場になる。企業にとって適応策に関わり新たに創出される市場としては、自然災害に対するインフラ強靭化、エネルギー安定供給、食料安定供給・生産基盤強化、保健・衛生、気象観測および監視・早期警戒、資

4

環境問題解決の手法

表 4.3　適応策に対して貢献できる製品、サービスの例

分野	製品、サービスの例
自然災害に対するインフラ強靭化	• インフラ強靭化、防災インフラの構築
エネルギー安定供給	• 非常用電源の開発 • 電力供給の安定化
食料安定供給、生産基盤強化	• 作物収穫の向上と安定化 • 環境負荷の低い農業の導入 • 気候変動に強い作物品種の開発と導入
保健、衛生	• 気候変動による感染症の拡大防止と治癒
気象観測および監視、早期警戒	• 気候観測と監視 • 早期警戒システム
資源の確保、水安定供給	• 安全な水の供給 • 水不足への対応
気候変動リスク関連金融	• 天候インデックス保険 • 天候デリバティブ

出典：『企業のための温暖化適応ビジネス入門』（経済産業省、2018 年）

源の確保・水安定供給、気候変動リスク関連金融、などが挙げられる[159]。適応策に対して貢献できる企業の製品・サービスの例としては、表 4.3 のようなものがある[160]。

4.12　本章のまとめ

企業は環境問題を解決するために、環境マネジメントシステム、環境アセスメント、公害対策、資源循環、再生可能エネルギー、省エネルギー、ライフサイクルアセスメント、環境に配慮した製品開発、環境コミュニケーション、環境価値の取引、地球温暖化適応策、といった多様な手法を取り得る。

演習1

本章に挙げられた参考文献などを読み、それぞれの手法についてどのように実務で取り組むかについて確認しておくこと。

演習2

本章で挙げた環境問題解決の手法が実際に企業にどのように使われているのかを、企業の CSR ／サステナビリティ報告書などから調べなさい。

4

環境問題解決の手法

　企業や市民の行動が環境配慮型に変化していく中で、社会全体の環境への取り組みはどのようになっていくのだろうか。また、企業はその中でどのような役割を果たしていくのだろうか。本章では、テクノロジーで環境問題を解決する「スマート」な未来社会のあり方を考える。

5.1　第四次産業革命の時代へ

　現代は、技術革新によって社会全体の仕組みが大きく変わる第四次産業革命の時代といわれる。蒸気機関の発明によりもたらされた第一次産業革命（18世紀後半〜19世紀前半）では、機械による工業化（軽工業）が開始された。電気と流れ作業の登場によってもたらされた第二次産業革命（19世紀後半〜20世紀前半）では、大量生産が可能になり、また重化学工業化が進められた。1960年代に始まった第三次産業革命は、コンピューター（1960年代〜）とインターネット（1990年代〜）の開発によってもたらされたコンピューター革命・デジタル革命の時代であった。第四次産業革命は21世紀に始まり、第三次産業革命の上に成り立っている。第四次産業革命を特徴づけるのは、IoT、AI、ビッグデータなどである。これに合わせて、再生可能エネルギー、遺伝子配列解析、ナノテクノロジー、量子コンピューター、ブロックチェーン、3Dプリンター、ロボット、自動運転車などのあらゆるテクノロジーでブレイクスルーが起きている。第四次産業革命がこれまでの産業革命と異なるのは、これらのテクノロジーが融合し、物理、デジタル、生物学などの各領域で相互作用が生じていることにある。これらの技術は、生産や意思決定を分散化・パーソナル化する方向性に働く。第四次産業革命によって既存の政治的・経済的・社会的モデルが破壊され、分散化した権力体系に移行するとされる[68]。
　エネルギーの観点から考えると、第一次産業革命は石炭によるエネルギー革命、第二次産業革命は電気と石油によるエネルギー革命の時代といえる。また、第三次産業革命の到来と前後して、世界各国で原子力発電の導入が進めら

れた。第四次産業革命を象徴するエネルギーは再生可能エネルギーである。20世紀においては、電力は大規模発電所で生み出され、送配電網を通じて需要家に配分されてきた。石油、天然ガス、石炭といった化石燃料は産出国が偏在しているため、これらの資源が産出されない国は、海外から輸入するしかエネルギーを確保する術はなく、地政学的リスクにさらされていた。一方、再生可能エネルギーは自然のエネルギーを活用するゆえに、地域の偏在性は少ない。特に太陽光発電は地域を問わず発電できるエネルギーであり、蓄電池と組み合わせれば自律分散型のエネルギーとなる。産業革命以降、エネルギー権益は権力闘争や紛争の原因となってきたが、再生可能エネルギーが中心となる時代においては、エネルギー権益のあり方が変わる。エネルギーを生み出す太陽光や風力などの資源はどこでも無限に採取できるため、必要なのはそれを有効利用する技術のみということになる。再生可能エネルギーのこのような特徴を受け、エネルギーに関する意思決定はいわば「中央集権型」から民主主義的な「分散型」に移行していくことになる。エネルギーを巡る国際競争は、技術開発競争や国際規格を巡る争い、または装置の原材料の争奪によっておこなわれるようになる。

　第三次および第四次産業革命のテクノロジーは、世界において社会を均質化、いわば「フラット化」させる（「5.6.1 フラット化する世界と不均質な環境影響」参照）[70]。テクノロジーは生産拠点や意思決定を分散化させる一方で、インターネットを通じてこれらが常時接続できるようになる。先進国と途上国もダイレクトにつながり、国境を越えた経済活動がおこなわれるようになる。エネルギーの観点では、これまで送配電網が整備されず電気が届かなかった地域でも、太陽光発電や風力発電などで電気を生み出すことができ、経済活動に参加できるようになる。ガソリンスタンドが整備されていない場所でも、太陽光発電で電気自動車を走らせることができるようになる。また、太陽光発電などの自家発電設備の普及は、エネルギープロシューマーを大量に生み出す。個人間の売買電についてのICT技術や社会的な仕組みが整備されれば、エネルギープロシューマー同士で電気の取引が可能になる。分散化とネットワーク化はエネルギー分野でも進むようになり、世界におけるエネルギーの偏在性が解消される方向に進む。

5.2 環境関連シナリオからみる未来の絵姿

　日本では環境配慮型社会や脱炭素社会を目指し、国や研究機関などが各種のシナリオや戦略・計画を検討してきた。これらは、環境技術の推進に向けた政策にも反映されている。ここでは、日本政府が策定した主な未来社会のシナリオの概要を整理する。不確実な未来に対応するため、長期の未来シナリオを複数組み立てた上でバックキャスティングによって現在の行動戦略を企画する手法をシナリオ・プランニングという[161]。これらの未来社会シナリオは、企業のシナリオ・プランニングに活用できる。

① 2050 年カーボンニュートラルに伴うグリーン成長戦略（2020 年）

　2020 年 10 月、日本政府は 2050 年に GHG 排出量を実質ゼロ（カーボンニュートラル）とする目標を掲げた。この達成を目指し、『2050 年カーボンニュートラルに伴うグリーン成長戦略』が策定された[162]。同戦略は、地球温暖化対策を経済成長の機会ととらえ、環境産業を国の産業政策の中心として位置づけるため策定された。日本政府は、同戦略に基づき、予算、税、金融、規制改革、国際連携といった政策を総動員し、グリーン分野に企業の投資を促すとしている。この戦略を実現することで、2030 年で年額 90 兆円、2050 年で年額 190 兆円程度の経済効果が見込まれるとしている。

　同戦略では、成長が期待される産業 14 分野を抽出し、それぞれ目標や取り組みを掲げている。成長が期待される産業 14 分野の取り組みの概要は 表 5.1 のようなものである。要点は次のようなものである。2050 年には再生可能エネルギー比率を 50 ～ 60 % と、現在の 3 倍近くに高める。自動車は 2030 年代半ばまでに、全ての新車を電気自動車（EV）などの電動車にする。洋上風力は 40 年までに最大 4,500 万 kW の導入を目指す。水素は発電・産業・運輸で導入拡大し、2050 年に 2,000 万 t 程度の消費量を目標とする。水素への移行期の燃料とするアンモニアは 2030 年に天然ガスを下回る価格水準での供給をめざす。

5

未来社会への視点

163

表 5.1　成長が期待される産業 14 分野の目標

分類	分野	取り組み
エネルギー関連産業	洋上風力	• 2040 年までに最大 3,000 万〜4,500 万 kW 導入
	燃料アンモニア	• 2030 年代の導入拡大に向けて 20 % 混焼の実証を実施 • 日本の調達サプライチェーンを構築し 2050 年で 1 億 t 規模目指す
	水素	• 導入量を 2030 年に最大 300 万 t、50 年に 2,000 万 t 程度に拡大 • 水素コストを 20 円/Nm^3 程度以下に低減
	原子力	• 小型炉（SMR）の国際連携プロジェクトに日本企業が主要プレーヤーとして参画 • 高温ガス炉で日本の規格基準普及へ他国関連機関と協力推進
輸送、製造関連産業	自動車、蓄電池	• 遅くとも 2030 年代半ばまでに乗用車新車販売で電動車 100 % • 2030 年までのできるだけ早期に、電気自動車とガソリン車の経済性が同等となる車載用の電池パック価格 1 万円/kWh 以下を目指す
	半導体、情報通信	• データセンター使用電力の一部再生可能エネルギー化義務付け検討 • 2040 年に半導体、情報通信産業のカーボンニュートラルを目指す
	船舶	• LNG 燃料船の高効率化として、低速航行や風力推進システムと組み合わせ CO_2 排出削減率 86 % を達成 • 再生メタン活用により実質ゼロエミッション化を推進
	物流	• 海外からの次世代エネルギー資源獲得に資する港湾整備の推進
	食料、農林水産業	• 地産地消型エネルギーシステムの構築に向けた規制見直しの検討
	航空機	• 2035 年以降の水素航空機の本格投入を見据え、水素供給に関するインフラやサプライチェーンを検討
	カーボンリサイクル	• 2050 年の世界の CO_2 分離回収市場で年間 10 兆円のうち、シェア 3 割（約 25 億 t の CO_2 に相当）を目指す
家庭、オフィス関連産業	住宅、建築物／次世代型太陽光	• 住宅トップランナー基準の ZEH 相当水準化 • ペロブスカイト型太陽電池など有望技術の開発・実証の加速化、ビル壁面など新市場獲得に向けた製品化、規制的手法を含めた導入支援
	資源循環関連	• 廃棄物発電において、ごみの質が低下しても高効率なエネルギー回収を確保
	ライフスタイル関連	• 脱炭素プロシューマーの一般化によりエネルギーで稼ぐ時代へ

② エネルギー基本計画（2021 年）

『エネルギー基本計画』は、エネルギー政策の基本的な方向性を示すために
エネルギー政策基本法に基づき、日本政府が策定するものであり、少なくとも
3 年ごとに必要に応じて改定される。2021 年には第 6 次エネルギー基本計画
が策定されている。

この計画では、2030 年に温室効果ガス 46 ％ 削減（2013 年比）を目指すエ
ネルギーミックスと、2050 年カーボンニュートラルを見据えたシナリオが示
されている。2030 年のエネルギーミックスについては、省エネにより対策を
おこなわない場合に比べて電力消費を 21 ％ 削減し、再生可能エネルギーに
よる発電を 36 ～ 38 ％ とするとの見通しが設定されている。再生可能エネル
ギー以外には、原子力 20 ～ 22 ％ 程度、LNG 20 ％ 程度、石炭 19 ％ 程度、石
油 2 ％ 程度と設定しており、温室効果ガス削減に向けて原子力発電に一定の
重みを置いている。第 6 次エネルギー基本計画の特徴は、再生可能エネルギー
を「主力電源」と位置づけ、本格的に政策においてその普及を方向付けたこと
である。また、水素社会実現に向けた取り組みの強化、蓄電池の活用、エネル
ギーシステム改革の推進などの方針が示されている[23]。

③ 環境基本計画（2018 年）

『環境基本計画』は、環境政策の基本的な方向性を示すために環境基本法に
基づいて日本政府が策定するものであり、約 6 年ごとに見直しがおこなわれ
る。2018 年には、第 5 次環境基本計画が策定されている[163]。

同計画の中では、環境と調和した社会の概念として「地域循環共生圏」が提
唱されている。地域循環共生圏とは、「各地域がその特性を活かした強みを発
揮し、地域ごとに異なる資源が循環する自立・分散型の社会を形成しつつ、そ
れぞれの地域の特性に応じて近隣地域等と共生・対流し、より広範なネット
ワーク〔自然的なつながり（森・里・川・海の連関）や経済的つながり（人・資
金など）〕を構築していくことで、新たなバリューチェーンを生み出し、地域
資源を補完し支え合いながら農山漁村も都市も活かす」という取り組みである
と定義されている。環境の観点から地域資源を再認識することで新たな価値を

見出すことが、その取り組みの要点になる。ここでの地域資源とは、循環資源（家畜ふん尿、食品廃棄物、プラスチック、金属など）、再生可能資源（木材、地熱・風力・水力などの再生可能エネルギー源など）、人工的なストック（社会資本、建築物など）、自然資本（森林、土壌、水、大気、生物資源など）、などが想定されている。

5.3　次世代環境技術

　未来社会において環境問題解決の鍵を担うのは技術開発（R&D）である。環境技術は世界市場における成長分野となっており、「5.2 環境関連シナリオからみる未来の絵姿」のグリーン成長戦略が位置づけるように日本政府も産業政策の一環として環境技術開発の後押しをおこなっている。

5.3.1　環境技術開発に対する政府の支援

　低炭素社会に関わる環境技術を 図 5.1 のようにプロダクト・ライフサイクルに照らし合わせると、多くの環境技術は導入期、もしくはその前段階の開発期にある。この状態では、単純な市場原理のもとでは技術は普及しにくく技術開発も進まないため、適切な政府の支援が必要となる。その例としては、地球温暖化関連技術がある。化石燃料が温室効果ガスの排出による適切な環境コストを反映していない状態では、その代替技術である再生可能エネルギーは市場原理のもとでは相対的にコスト高になってしまう。市場での普及が見込まれない限り、企業による技術開発への投資は適切なリターンを生み出さない。

　一方、技術の導入期に政府が制度設計で市場を創出すれば、技術の導入が促進され、最終的には市場原理のもとで普及するような技術開発やコストダウンがおこなわれることになる。再生可能エネルギーの FIT 制度は、これを狙って設計された仕組みである。再生可能エネルギーは、各国での FIT 制度導入以降、成長期に突入し、世界で技術開発競争が進み市場原理のもとでの普及が始まっている。市場原理のもとでの普及が進んでいけば、国の関与の必要性は少なくなっていく。

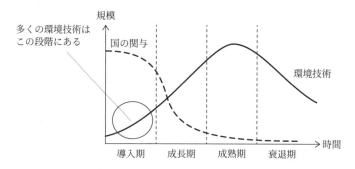

図 5.1 環境技術のプロダクト・ライフサイクルと国の関与の関係

このような理由から、政府は環境関連技術への支援をおこなうことで、企業による技術開発への投資と、各所での技術導入を促そうとする。Steinmuellerは、政府による技術政策を次のように分類している[164]。

① 技術供給側への政策
■研究開発への一律の補助 開発テーマを区別することなく、開発費用に対する補助金や免税などで、開発費用に対して一律に補助をおこなう。

■テーマに基づいた資金拠出 開発テーマを決めて公募をおこない、政府の意図に沿った技術開発に対して資金を拠出する。

■シグナリング戦略 技術導入者が導入決定をおこないやすくなるように、政府が供給サイドに対して情報提供の支援をおこなう。実証プロジェクトによって、成果に関する情報を広く公開することなどがこれにあたる。

■保護政策 国内の技術が成熟するように、輸入などで保護政策を取る。

■資金的政策 ベンチャーキャピタルなどで、直接的な投資をおこなう。

② 技術供給側への補完的政策
■技術者の育成 研究開発者や技術者の教育、トレーニングをおこなう。

5

未来社会への視点

■**技術獲得政策**　知的財産を政府が保持する。

③ 技術需要側への政策

■**技術導入に対する補助金**　技術導入者に対して、導入補助金を交付することで、導入コストを抑える。導入が望ましいというシグナリング効果もある。

■**情報流通のための政策**　技術の潜在的な価値について、政府が技術導入者に対して情報提供をおこなう。

④ 組織に関する政策

■**公設研究所の活用**　公設の大学や研究機関が新しい技術開発テーマに取り組むように方向づける。

■**補完的組織の活用**　技術が組織の中に留まらずに情報流通がおこなわれるよう、研究機関や専門家の間を結び付ける補完的な組織を設立する。

■**協会の設立**　技術開発をおこなうステークホルダーを結び付ける協会などを設立する。

5.3.2　日本政府による環境技術開発の方向性

　日本政府は、環境産業を成長戦略の柱に位置づけ、産学官連携で国産の環境技術の開発を主導している。日本政府が取りまとめた環境分野での技術開発戦略である『革新的環境イノベーション戦略』（2020 年）では、2050 年までの温室効果ガス排出削減達成に向けて、「非連続なイノベーション」による技術を社会実装可能なコストで実現することを目指している。**表5.2** に示すように、エネルギー供給【Ⅰ】、およびエネルギー需要等（運輸【Ⅱ】、産業【Ⅲ】、業務・家庭・その他・横断領域【Ⅳ】、農林水産業・吸収源【Ⅴ】）の 5 分野について、重要な 16 の技術課題に分類し、温室効果ガス削減量が大きく日本の技術力による貢献が可能な技術テーマを設定している。革新的技術を 2050 年に確立させることを目指し、技術テーマそれぞれについて、具体的コスト・温室

表 5.2 革新的環境イノベーション戦略に示された技術分野

Ⅰ. エネルギー転換	1. 再生可能エネルギーを主力電力に
	2. デジタル技術を用いた強靭な電力ネットワークの構築
	3. 低コストな水素サプライチェーンの構築
	4. 革新的原子力技術/核融合の実現
	5. CO_2 分離回収
Ⅱ. 運輸	7. 多様なアプローチによるグリーンモビリティの確立
Ⅲ. 産業	8. 化石資源依存からの脱却（再生可能エネルギー由来の電力や水素の活用）
	9. カーボンリサイクル技術による CO_2 の原燃料化など
Ⅳ. 業務・家庭・その他・横断領域	10. 最先端の GHG 削減技術の活用
	11. 都市マネジメントの変革
	12. シェアリングエコノミー
	13. GHG 削減効果の検証
Ⅴ. 農林水産業・吸収源	14. 最先端のバイオ技術等を活用した資源利用及び農地・森林・海洋への CO_2 吸収・固定
	15. 農畜産業からのメタン・NO_2 排出削減
	16. 農林水産業における再生可能エネルギーの活用&スマート農林水産業
	17. 大気中の CO_2 の回収

効果ガス削減量、技術開発内容、実施体制、要素技術開発から実用化・実証開発までの具体的なシナリオとアクション、について示している[165]。

5.4 次世代エネルギーインフラ

本項では、低炭素社会に向けて技術開発が進められている次世代技術のうち、特にインフラに影響を与える技術であるエネルギー情報通信インフラ・水素関連インフラ、および将来的に製造業などに影響を与える可能性があるカーボンリサイクルについて詳述する。

5.4.1 エネルギー情報通信インフラ

「エネルギー情報通信インフラ」は、ICT を用いてエネルギー利用の効率化をおこなうためのインフラである。再生可能エネルギーの導入と情報通信イン

フラの融合がこの中核にある。これが着目されるようになった背景には、情報通信技術の進歩と、再生可能エネルギーの急速な拡大が、並行して進んできたということがある。また、大手 ICT ベンダーなどの企業が ICT インフラの新たな市場として、エネルギー分野に着目してきたというビジネス的な背景もある。

① スマートグリッド

スマートグリッドは、電力系統を最適に運営する技術の総称であり、次世代送電網ともよばれる。従来からの集中電源と電力系統の運用に加え、情報通信技術の活用により、太陽光発電などの分散型電源や需要家の情報を統合・活用して、高効率、高品質、高信頼度の電力供給システムの実現を目指す技術である。スマートグリッドの構成要素としては、送配電ネットワークでの監視・制御システム、分散型電源の管理、スマートメーター、スマートストレージ（電力貯蔵）、デマンドレスポンス、などが挙げられる[166]。

② エネルギーマネジメントシステム

エネルギーマネジメントシステム（Energy Management System：EMS）は、電力使用量の可視化、節電のための機器制御、再生可能エネルギーや蓄電池の制御などをおこなうシステムを指す。家庭用であれば HEMS（Home Energy Management System）、商業用ビル向けであれば BEMS（Building Energy Management System）、工場向けであれば FEMS（Factory Energy Management System）、地域全体であれば CEMS（Community Energy Management System）とよばれる。EMS を用いれば、建物などのエネルギーを一元管理し、個別機器を自動で制御できるようになる。例えば電力料金が高い時間帯に、機器を自動で節電運転し省エネをおこなうことができる。電力料金が安い時間帯にヒートポンプ給湯器や家電を自動運転して、ピークシフトをおこなうことができる。太陽光発電と蓄電池を制御して、蓄電と放電のタイミングを選択することも可能になる。

③ スマートメーター

　スマートメーターは、電力をデジタルで計測し、メーター内に通信機能をもたせた次世代電力計を指す。情報通信機能をもつため、リアルタイムで電力に関する情報のやり取りをおこなうことができる。従来の電力量計では細かな計量ができないため柔軟な料金メニューが実現できなかったが、スマートメーターを用いることで柔軟な料金メニューの実現とそれによる電力需給の調節が可能となる。

④ Internet of things （IoT）

　IoT は、コンピューターなどの情報・通信機器だけでなく、世の中に存在するさまざまな物体（モノ）に通信機能をもたせ、インターネットへの接続や相互の通信により、自動認識や自動制御、遠隔計測などをおこなう技術の総称である。個別の機器がインターネットでつながることにより、それぞれの機器の効率やエネルギー消費量を監視できるようになる。さらにビッグデータで分析をおこなった上で、電力需要予測などを電力系統全体の制御に反映させることができるようになる[167]。

⑤ ビッグデータ

　社会の効率性を高める手段としてビッグデータ*1を有効活用することは重要である。大規模データの集合の傾向を分析することで、新たな付加価値を提供できるようになる。エネルギーに関してのビッグデータの活用事例として、例えば次のようなものが考えられる。気象条件、需要家の活動状態などを示すデータを消費電力量のデータと合わせて扱うことにより、消費電力量の背景にある事象を把握できる。短周期の日射量の変化の予測により導き出される住宅の太陽光発電出力の予測値を数分毎程度に収集して、需要家の消費電力を組み合わせることにより、リアルタイムでの電力系統の需給制御をおこなう。需要

---

*1 多くのデータの量（Volume）、さまざまなデータの種類（Variety）、より高い発生頻度・更新頻度（Velocity）の 3 つの V からなるデータのこと。

家の電力消費だけでなくガス消費量、水道使用量などを合わせて分析することでエネルギー最適制御プランを実施する[168]。

⑥ ブロックチェーン技術を活用した電力取引技術

　スマートグリッドから発展し、ブロックチェーン技術を活用して個人間の電力取引をおこなうための技術開発も開始されている。ブロックチェーン技術を活用した電力取引は、インターネットにおける情報のように電気を扱う電力インフラの技術である。プロシューマーが生み出した電気を個別に識別できるようになり、電気があたかも商品のように個別消費者間で売買できるようになる。電力融通を予約・確定・実施するプロセスが可能となり、新しい電力融通の形態が構築できる可能性がある[169]。

5.4.2　水素関連インフラ

　エネルギーの貯蔵技術は、変動電源の再生可能エネルギーを大量導入していく際に必要となる技術である（「4.5.4 電力貯蔵技術」 参照）。現在は定置型蓄電池が導入フェーズに入っているが、将来的なエネルギー貯蔵技術として、電気を水素にエネルギー転換し貯蔵する水素電力貯蔵に期待がかかっている。定置型蓄電池と比較しての水素電力貯蔵の利点は、大規模化、長期保存、長距離輸送が可能な点がある。水素をエネルギーキャリア（輸送媒体）として需要のある場所へエネルギーを輸送でき、燃料電池自動車など発電以外への用途拡大が可能となる。日本政府は、水素を用いたエネルギー利用技術について、「エネルギー貯蔵・輸送インフラ」と称して、技術開発や導入支援をおこなっている。

　図 5.2 は、水素の利用フローである。現在流通している水素は、製油所における石油精製プロセス、コークス炉などの製鉄プロセス、エチレン製造などの石油化学プロセス、ソーダ工場における食塩水の電解プロセスなどから副次的に発生する副生水素が主なものになる。日本で当面供給される水素に関しては、副生水素の利用が前提として考えられている。将来的には技術革新により、再生可能エネルギーを用いた電気分解による水素製造を安価におこなうこ

とが可能になると期待されている。副生水素や再生可能エネルギー由来水素は、水素のエネルギー貯蔵・輸送インフラを通じて、需要家に送られることとなる。ここで想定するエネルギー貯蔵・輸送インフラとは、水素の供給者と需要家を結び付けるサプライチェーンに関わるインフラである。需要側においては、定置型燃料電池、燃料電池自動車、水素発電などの燃料として使用できる。定置型燃料電池では、電気と同時に熱を供給できるため、熱を含めて総合的にエネルギーを有効活用できる。また、水素をそのまま燃料として使う方法以外に、ボイラなどの排気ガスの CO_2 と化合させ、都市ガスの主要な原料となるメタンを生成できる。メタンは既存の都市ガスの供給インフラを通じて都市ガスと同様に利用することが可能である。そのほか、水素と窒素を化合させてアンモニアを製造し、火力発電の燃料として活用する方法も考えられている。アンモニアはすでに生産・輸送・貯蔵の技術が確立しているため、水素のエネルギーキャリアとして用いることができる。アンモニアは燃焼しても CO_2 を排出しないカーボンフリーな燃料であるため、石炭火力発電への混焼やガスタービン発電に使用することで温室効果ガスを削減できると期待されている。

水素はエネルギーの入口（発生源）と出口（利用方法）が多様なエネルギーキャリアであり、エネルギー貯蔵・輸送インフラが整備されることで、水素を媒介として再生可能エネルギーや副産物の利用価値が広がる。また、再生可能エネルギーの供給地が需要地から離れていて送配電網を整備するコストが見合わない地域においても、発電した電力を水素に変換して需要地に送ることができるようになる。例えば、離島部のように電力需要が小さいが再生可能エネルギーのポテンシャルが多い地域において、再生可能エネルギー由来水素を製造し外部にエネルギーを供給する役割をもたせることができる。

日本政府の『水素・燃料電池戦略ロードマップ』（経済産業省、2019 年）では、再生可能エネルギー由来水素（Power to Gas）が商用化されるスケジュールのターゲットを 2030 年頃に想定している[170]。技術の種類としては、水素製造技術、水素貯蔵・輸送技術、水素供給技術、水素利用技術がある。『NEDO水素エネルギー白書』（2015 年）を参考に、技術の要点と技術の発展段階を整理する[171]。

5 未来社会への視点

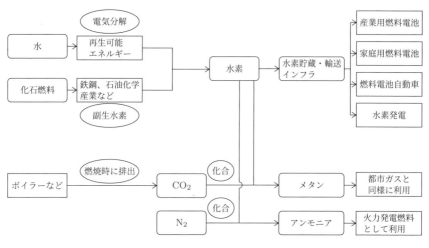

図 5.2　水素の利用フロー

① 再生可能エネルギーによる水電気分解からの水素製造技術

　再生可能エネルギー由来水素は、再生可能エネルギー電力を用いて水を電気分解することで製造される。実用技術として、アルカリ水電解法と固体高分子形（PEM 形）水電解法がある。水電解による水素製造は電力を使用するため、電力コストが水素製造コストに直結する。製造コスト低減のためには、再生可能エネルギー発電コストの低減、電気分解の高効率化、および水素製造設備の低コスト化が必要となっている。2032 年以降に、FIT 期間の 20 年間が経過し投資回収が終了する太陽光発電や風力発電を利用することも考えられている。再生可能エネルギー由来の水素製造技術の種類としては、上記に加え、バイオマスの熱分解による水素製造や、光触媒による水分解（人工光合成）などが研究されている。

② 水素貯蔵・輸送技術

　水素は体積あたりのエネルギー密度が低いため、これを高密度に維持しつつ、輸送・貯蔵する技術の開発が重要となっている。輸送分野ではすでに高圧

ガス輸送と液化水素輸送が実用化されており、新規の技術として有機ハイドライド輸送の実証がおこなわれている。また、水素パイプラインによる輸送も可能である。

　高圧ガス輸送や液化水素輸送は技術的に確立されているものの、低コスト化や高効率化に向けた技術開発が必要となっている。有機ハイドライド輸送は高効率に水素を輸送できるがまだ実証段階であり、脱水素装置の小型化や熱源の確保、規制の整備などが必要となっている。水素パイプラインは、水素を供給地から需要地まで運ぶパイプラインを整備することに大きなインフラ投資が必要となる。実際のエネルギー貯蔵・輸送インフラの導入は、上記の技術の開発段階や設備導入コストを鑑みながら、地域ごとにコストが最適となるような技術が選択されるとみられる。水素は天然ガスと同様の気体であるため、供給地から需要地へ送るサプライチェーンの構造は、天然ガスと同様の構造になっていくと想定される。

③ 水素供給技術
　現状での主な水素供給インフラは、燃料電池自動車に供給するための水素ステーションである。

　水素ステーションの代表的な方式としては、水素を水素ステーション外で製造して水素トレーラーなどで水素ステーションまで輸送してくるオフサイト型と、都市ガスやLPGなどを原料として水素ステーションに設置した水素製造装置で水素を製造して供給するオンサイト型がある。水素ステーションの技術は確立しており、日本では燃料電池自動車の市販を受けて、整備が進められている。水素ステーションの課題としては、まず設備導入コストが高いことがある。一般的なガソリンスタンドの4〜5倍の整備コストがかかるとされる。次に、燃料電池自動車が普及していない現状では、水素ステーションの設備導入コストと維持コストをまかなうための水素需要が存在していないことがある。一方で水素ステーションが整備されないと燃料電池自動車の普及はおこなわれないという「鶏と卵」の関係にあるため、日本政府は水素ステーションの整備と燃料電池自動車購入の双方に補助金を拠出して、水素ステーションの整備を促進しようとしている。

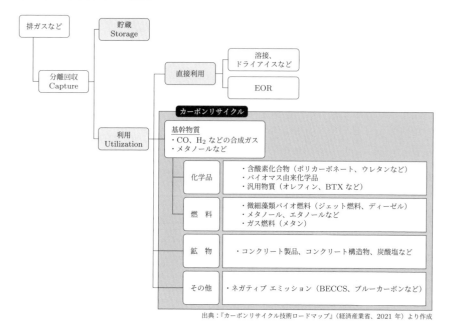

出典：『カーボンリサイクル技術ロードマップ』（経済産業省、2021 年）より作成

図 5.3　カーボンリサイクルの技術

④ 水素利用技術

現在実用化や研究開発がおこなわれている水素利用技術としては、家庭用燃料電池、業務用・産業用燃料電池、燃料電池自動車、水素発電がある。

5.4.3　カーボンリサイクル

CO_2 は地球温暖化の最大の原因となっている迷惑物質であるが、これを資源として再利用しようという研究が始まっている。CO_2 を素材や燃料として再利用する「カーボンリサイクル」の取り組みである。日本政府は『カーボンリサイクル技術ロードマップ』（経済産業省、2021 年改訂）を策定し、実用化に向けた取り組みを整理している [172]。カーボンリサイクルの技術には、図 5.3 のようなものがある。

　発電所、製油所、化学プラントなどから排出される CO_2 を回収・貯留する技術である CCS（Carbon dioxide Capture and Storage）は、アメリカを中心に実用化が進められてきた。CCS には、回収した CO_2 を貯留する方法により、帯水層貯留方式と EOR（Enhanced Oil Recovery：石油増進回収）方式がある。EOR 方式は、地下の油層に CO_2 を圧入する方式であり、世界では主流の方式である[173]。原油回収率が向上し、投資費用の回収が期待できるが、日本には油田があるわけではなく、適用の可能性は極めて低い。帯水層貯留方式は、空隙の多い帯水層に CO_2 を圧入する方式であり日本でも適用は可能であるが、経済的なメリットが期待できずに企業からみると単純なコストアップになるため、現時点では補助金などがない限り導入は難しい。

　CCS からさらに進んで、分離・貯留した CO_2 を有効活用する取り組みが CCUS（Carbon dioxide Capture, Utilization and Storage）である。EOR は、原油回収率向上に有効活用しているという意味で、CCUS の一種である。既存の CO_2 の用途としては、ドライアイスや溶接などに直接利用する方法があるが、こちらは利用される CO_2 の量は限られている。CCUS のうち、これらの既存用途以外に化学品、燃料、鉱物などの原料として CO_2 を利用する技術をカーボンリサイクルとして、国が技術開発を進めようとしている。図 5.3 にも示されているが、カーボンリサイクルにおける CO_2 の用途まとめると、表 5.3 に示すものがある。

　カーボンリサイクル技術ロードマップでは、2030 年頃までを「フェーズ 1」とし、カーボンリサイクルに役立つあらゆる技術について開発を進めるとしている。2030 年〜2040 年頃までは「フェーズ 2」として、CO_2 利用の拡大を狙っている。ポリカーボネートや液体のバイオ燃料が普及しはじめ、コンクリート製品も道路ブロックのような小さな製品は普及しはじめると予想している。CO_2 を分離・回収する技術も、2030 年頃までには低コスト化を図るとしている。2040 年以降のフェーズ 3 では、さらなる低コスト化に取り組み、CO_2 を分離・回収する技術は、現状の 4 分の 1 以下のコストを目指す。ポリカーボネートなどの既存の製品は消費が拡大する。一方で、この頃からオレフィンやガス・液体燃料、汎用品のコンクリート製品の普及を目指す。

　化学品や燃料に関する多くの技術が普及するためには、基幹物質となる CO_2

5

未来社会への視点

177

表 5.3　カーボンリサイクルにおける CO_2 の用途

分類	用途
化学品	ウレタンやポリカーボネートといった含酸素化合物（酸素原子を含む化合物）やバイオマス由来の化学品や、汎用的な物質であるオレフィン
燃料	微細藻類やバイオマスエタノールなどのバイオ燃料
鉱物	CO_2 を炭酸塩として固定化して製造したコンクリート製品
その他	バイオマス発電と CCS を組み合わせる BECCS (Bio–energy with Carbon dioxide Capture and Storage) や海の海藻・海草が CO_2 を取り入れることで海域に CO_2 を貯留させる「ブルーカーボン」などのネガティブ・エミッション

フリー水素が安価で大量に手に入ることが必要となる。また、CO_2 の分解や結合にはエネルギーが必要となるため、CO_2 を排出しない再生可能エネルギーの電源を安価に調達することも必要となる。つまり、カーボンリサイクルの実現には、再生可能エネルギーと水素製造の両方のコストダウンが必要となる。

　BECCS は、木質バイオマス発電・熱利用と組み合わせ、再生可能エネルギーとしての化石燃料の代替と、大気中の炭素の固定・再利用の両方で CO_2 削減に貢献することを狙う。バイオマスを燃焼させることで CO_2 が排出されるが、そこに含まれる炭素は樹木が光合成で大気中から吸収・固定した CO_2 であり、大気中の CO_2 を増加させないためにカーボンニュートラルとみなされる。加えて、排出された CO_2 を再利用して固定化できれば、大気中の CO_2 が減っていくネガティブ・エミッションとなる。

5.5　スマートな街づくり

　本節では、持続可能な都市であるスマートシティにおけるエネルギー最適利用の側面に着目して、そのポテンシャルを示す。

5.5.1 スマートシティの概念

　未来社会における持続可能な都市を示す概念として、「スマートシティ」や「スマートコミュニティ」という言葉がある。国土交通省では、スマートシティの定義を、「都市の抱える諸課題に対して、ICT などの新技術を活用しつつ、マネジメント（計画、整備、管理・運用など）がおこなわれ、全体最適化が図られる持続可能な都市または地区」としている[174]。

　スマート化する分野として、交通、自然との共生、省エネルギー、安全安心、資源循環がキーワードとして位置づけられている。スマートシティは、日本政府の科学技術戦略である『統合イノベーション戦略2021』などにおいても官民連携で取り組むべきイノベーション分野として位置づけられている[175]。経済産業省では、ほぼ近しい概念についてスマートコミュニティという言葉を用いているが、こちらはエネルギーの最適利用の観点に主眼が置かれているという違いがある。近年では、より広い概念を包括するスマートシティという言葉が用いられることが多い。

　スマートシティ関連の環境産業は裾野が広い。関連するコアの産業としては、再生可能エネルギー、省エネ、不動産、ICT、EMS、蓄電池、EV などがある。コア産業は大企業が優位となりがちだが、周辺産業においても広い裾野が広がっている。例えば、素材・原料、部品、アプリ、端末、コンテンツサービス、EV 充電器、MaaS（Mobility as a Service）、リユース・リサイクル、シェアリングサービス、エコツーリズム、エコポイント、CO_2 みえる化、CO_2 クレジット、など多岐にわたる。周辺産業では、小さい投資で短期案に商品化、サービス化できるものもあり、ベンチャー企業や中小企業でも参入の余地がある（図5.4）。

　日本におけるスマートシティ関連技術については、2011年から2014年にかけて経済産業省が主導して、国内4地域（横浜市、豊田市、けいはんな学研都市、北九州市）において、大規模な社会実証である「次世代エネルギー・社会システム実証」がおこなわれた。スマートシティに関連する技術をもつ多くの企業が参加し、地方自治体・企業・研究機関が産官学連携で、市民を巻き込ん

5

未来社会への視点

179

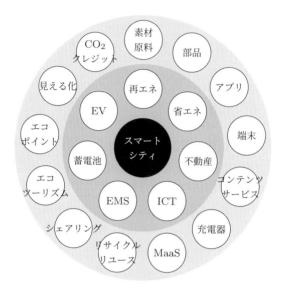

図 5.4　スマートシティ関連の環境産業の例

だ実証をおこなっており、スマートシティに関する技術の共通基盤の整備が図られた。

　官庁主導のプロジェクトのみでなく、企業主導のプロジェクトも開始されている。例えば、千葉県柏市の「柏の葉スマートシティプロジェクト」は、分散型電源、蓄電池、スマートグリッド、次世代交通システム、植物工場など、最先端の技術を使ったまちづくりを実現させるプロジェクトである。AEMS（エリアエネルギー管理システム）で、まち全体のエネルギーの融通をおこなうスマートグリッドを構築する。三井不動産が中心となり、地域にキャンパスを構える東京大学や千葉大学などとの産学連携による実験的な試みが多い。従来型の街づくりと比べて、2030 年の CO_2 排出量 6 割削減を目指している。神奈川県藤沢市の「Fujisawa サスティナブル・スマートタウン」は、パナソニックの工場跡地に 19 ha のスマートタウンを開発したプロジェクトである。1,000 戸の住宅、商業施設、福祉施設など総合的なまちづくりをおこなう。太陽光発電・燃料電池・蓄電池などの省エネ機器や、HEMS を備えたスマートハウスが

中心であり、EV や電動バイクのカーシェアリングサービスも街区内で実施する。CO_2 70 % 削減、再生可能エネルギー率 30 % など、環境に配慮した街区づくりを目指している[176]。

　スマートシティの概念に基づく政策や地域設計は、世界各地でおこなわれるようになっている。特に再生可能エネルギーの大量導入が政策的に推進されている先進地域であるヨーロッパは、スマートシティの構築についても先進地域となっている。アジア太平洋地域においても、APEC（Asia Pacific Economic Cooperation：アジア太平洋経済協力）が主導してスマートシティの構築を提唱するなど、これからの地域設計に反映されようとしている[177]。

　先進国では、既存のエネルギーインフラを活用したエネルギー利用の高効率化や CO_2 排出削減を目的としたプロジェクトが主となっている。新興国・途上国では、電力インフラの整備やリサイクルシステムなどの新しい社会基盤に、CO_2 排出削減施策や再生可能エネルギーを合わせて導入することが主な目的とされている。

5.5.2　スマートシティを構成する特徴的な要素

① エネルギープロシューマー

　太陽光発電設備の普及で、これまでは電力会社しか生産できなかったエネルギーを誰でも生み出すことができるようになり、住宅や事業所でエネルギーの生産と消費を同時におこなうエネルギープロシューマーが増加している。

　太陽光発電は、世界各国で FIT 制度などのインセンティブによって普及が進んできたが、太陽光パネル価格のコストダウンにより、発電原価が既存の電気料金よりも安価になるグリッドパリティ（Grid Parity）を達成している国もある。建物で導入される小型の太陽光発電の用途は、主に自家消費である。

　今後、定置型蓄電池がコストダウンによって普及すれば、自家消費用途の太陽光発電の弱点だった、天候や時間帯による電気の需給バランスギャップが解消されるようになる。現在プロシューマーが導入している主な再生可能エネルギーは太陽光発電であるが、風力が安定している地域であれば、小型風力発電の導入もあり得る。また、水素を燃料とした熱電併給システムである定置型燃

5

未来社会への視点

181

料電池もプロシューマーが導入し得る発電システムである。プロシューマーが導入できるエネルギー技術は、現状では以下のようなものがある。

■**発電設備**　太陽光発電、小型風力発電、家庭用燃料電池（エネファーム）

■**蓄電設備**　定置型蓄電池、電気自動車、燃料電池自動車

■**熱創出設備**　ヒートポンプ給湯器（エコキュート）、地中熱ヒートポンプ、太陽熱利用システム

② バーチャルパワープラント（VPP）

　プロシューマーなどの分散型再生可能エネルギーの増加にともない活用される仕組みとして、バーチャルパワープラント（Virtual Power Plant：VPP）がある。VPP とは、分散設置されたエネルギーリソース（発電設備、蓄電設備、需要設備）を、ICT を活用してアグリゲーション（集約）し、あたかも 1 つの発電所のように制御する仕組みである。VPP は、負荷平準化や再生可能エネルギーの供給過剰の吸収、電力不足時の供給などの機能として電力システムで活躍することが期待されている。エネルギーの融通の仕組みという意味でスマートシティに包含される一概念である。

　VPP では、プロシューマーや分散型発電設備などが、そのエネルギーリソースを制御することで、発電所と同等の機能を提供する。現在のところ、エネルギーリソースの制御はデマンドリスポンス（Demand Response：DR）によっておこなわれている。DR は、需要制御のパターンによって、需要を減らす・抑制する役割の「下げ DR」と、需要を増やす・創出する役割の「上げ DR」の 2 つに区分される。プロシューマーや分散型発電設備のエネルギーリソースを統合制御し、VPP のエネルギーサービスを提供する事業者のことを、アグリゲーター（またはリソースコーディネーター／アグリゲーションコーディネーター）という。

③ 次世代エネルギーインフラ

「5.4 次世代エネルギーインフラ」で挙げたエネルギー情報通信インフラや水素関連インフラは、いずれもプロシューマーを含む再生可能エネルギーの有効利用を目指した次世代エネルギーインフラである。スマートシティにおけるエネルギー分野の基盤となる技術が、ICTとエネルギーマネジメントを融合させるエネルギー情報通信インフラである。これに加えて将来的には、大規模にエネルギーを貯蔵・輸送できる水素関連インフラも基盤インフラとなり得る。

これらの次世代エネルギーインフラは、供給が分散化されていくエネルギーの価値をつなげるためのインフラである。従来型のエネルギーインフラは、電力であれば従来型の電力系統であり、ガスであればガスパイプラインということになる。従来型のエネルギーインフラは、電力会社やガス会社が、自社の商品（電力、ガス）を需要家に供給するために、自己資本によって計画的に整備するものであった。

一方で、エネルギー情報通信インフラや水素関連インフラは、分散型のエネルギーを取引するためのエネルギーインフラであり、多数のステークホルダーが利用するエネルギーの「公道」の位置づけになる。次項「5.5.3 エネルギーの仕組みの変化」に述べるエネルギーシステム改革により、エネルギー市場に参加するステークホルダーが多様化しており、発電事業者、送配電事業者、卸電力取引市場、電力小売事業者、VPPのアグリゲーター、プロシューマーなどの活動が有機的に結びつくようになっている。次世代エネルギーインフラが地域の公道として存在すれば、各ステークホルダーにおいて導入されるエネルギーの最新技術が随時アップデートされて、技術発展段階に応じてその時点での全体最適につながることが可能となる。

5.5.3 エネルギーの仕組みの変化

① エネルギーシステム改革

スマートシティの制度的基盤となるのが、多様なステークホルダーが市場に参加する自由なエネルギー市場の創出である。2015年から電気、ガス、熱

に関するエネルギーシステム改革がおこなわれ、エネルギーシステム全体の自由化が進められている。2011 年の東日本大震災による福島第一原発事故により、大規模集中電源の停止にともなう供給力不足や、計画停電による画一的な需要抑制といった、従来型の電力システムの課題が顕在化した。これを直接的な契機として、ときを同じくして進められた再生可能エネルギーの普及と整合する社会的制度とすることが、エネルギーシステム改革がおこなわれた目的である。

　電力システム改革は、2015 年に電力広域的運営推進機関の設立、2016 年に電力の小売全面自由化、2020 年に発送電分離、という三段階のスケジュールで進められた。それまでの電力市場は、一般電気事業者（北海道電力・東北電力・東京電力・北陸電力・中部電力・関西電力・中国電力・四国電力・九州電力・沖縄電力の 10 社）が、各地域で発電、送配電、小売までを一括に独占しており、いわば中央集権型の電力システムであった。これが、電力システム改革により、発電も小売もさまざまな企業が参入できるようになり、多様なサービスの提供が可能となった。特に発送電分離により、電力の公道である電力系統が多様なステークホルダーに解放されたことになる。発送電分離は、電力の多様なサービスが生まれるための必要条件である。発送電分離がおこなわれていない電力制度であれば、地域で電力事業を独占している一般電気事業者が、競合となる再生可能エネルギー導入者のために送配電網を整備するメリットが存在せず、結果として次世代エネルギーインフラの整備はおこなわれにくいためである。

　ガスシステム改革については、2017 年にガス小売全面自由化が実施された。これにより都市ガス会社以外の企業も需要家に対してガスを供給することが可能となった。2022 年には大手ガス会社の導管部門の法的分離が実施される。熱供給に関しても、熱電一体供給も含めたエネルギー供給の効率的実施の推進を目的として、2016 年に熱供給事業の料金規制の原則撤廃などの自由化がおこなわれた。

② 地産地消のエネルギー利用

電力システム改革の電力小売全面自由化を受けて、全国に電力小売事業者が700社以上誕生している（2021年8月現在）[178]。エネルギー関連会社だけでなく、鉄道会社や携帯電話会社などの多様な業種が参入しているが、地方自治体も出資者になってエネルギーの地産地消を目指す地域新電力会社も設立されるようになっている。例えば、静岡県浜松市が出資している株式会社浜松新電力では、市内の太陽光発電や清掃工場の廃棄物発電で生み出された電力を買い取り、市内の需要家へ「地産地消の電力」として販売している。福岡県みやま市が出資するみやまスマートエネルギー株式会社では、市内の屋根上太陽光発電システムやメガソーラーで発電された電力を購入し、地域の公共施設・企業・住宅にその電力を供給するとともに、HEMSを活用したサービスを提供している。

これらの地域新電力会社が目指しているのは、ドイツの地域エネルギー公社「シュタットベルケ」の仕組みである。シュタットベルケは地域の企業や家庭が発電した電気を買い取り、地域内で販売する。利益を目的とせず、電力やガスなどを販売した利益をインフラ運営などに回す。電気事業を手掛けるシュタットベルケはドイツ国内に900社以上あり、同国内の電力小売におけるシェアは約2割に達する。熱供給を含めたVPPのアグリゲーターをおこなっているシュタットベルケも存在する[179],[180]。ドイツでは発送電分離に加え、託送料金を国が規制して安く抑えることにより小規模の発電事業者でも競争力のある価格で電力を提供できるようになっているため、地域単位のシュタットベルケが多数設立されるようになったという背景がある[181]。

地域新電力会社の存在意義としては、再生可能エネルギーの普及で地域に立ち上がってきた分散型電源の電気を地域内で消費することによる、エネルギーの地産地消を目指すことにある。これまで電気は主に海外からの化石燃料によって発電されており、エネルギー購入費は地域外に流出していた。地域で発電した電気を地域内に供給できれば、地域内で資金を循環させることができる。資金の循環により新たな産業や雇用の創出につながり、結果的に地域経済の振興につながる。また、地域の低炭素化を促進していくことができ、地球温

5

未来社会への視点

185

暖化問題に関心をもつ需要家のニーズを満たすことができる。このような地域単位のエネルギー循環は、スマートシティの概念と合致する。

5.6　国際社会における日本企業の役割

本節では、未来の国際社会における日本企業の役割について考える。

5.6.1　フラット化する世界と不均質な環境影響

インターネットの普及により、世界は「フラット化」している。「世界のフラット化」とは、アメリカのジャーナリスト Friedman が『The World Is Flat（邦題：フラット化する世界）』（2007 年）において提唱した概念である[182]。インターネットの普及により経済活動における距離や時間の制約がなくなり、国境を越えての共同作業が容易になることによって起こる、世界規模の社会の均質化を表現した概念である。フラット化によって新興国・途上国に新たに生み出されるのは、大量の中産階級（ミドルクラス）である。ミドルクラスは都市に移住し、都市過密化を生み出す。ミドルクラスの生活の質の向上は、大量消費への行動変化につながり、さらにエネルギー多消費社会となることで、地球温暖化につながる。同じく Friedman は『Hot, Flat, and Crowded（邦題：グリーン革命）』（2009 年）において、地球温暖化、フラット化、都市過密化が引き起こす社会問題として、エネルギー・天然資源の需要増大、産油国と石油独裁者への富と権力の集中、気候変動の激化、生物多様性の激減、途上国におけるエネルギーの貧困、を挙げている[70]。

世界全体でみれば、新興国・途上国を含めたフラット化が進むが、必ずしもそれは均一に進むわけではない。フラット化の前提条件は、市民がデジタルデバイスをもちインターネットにアクセスできることである。そのため、インターネットにアクセスできる階層はグローバリズムにおいて新たなチャンスを手に入れられるのに対し、インターネットにアクセスできない階層はグローバリズムに取り残されるという新たな格差であるデジタル・デバイドが発生する。電力インフラが存在せず、電気を使用できない未電化人口は、世界では約

7.7 億人（2019 年時点）にのぼる。その多くはアフリカ地域や南アジア地域に存在している [22]。そもそも電気にアクセスできない限りは、インターネットにもアクセスできない。フラット化した世界では、電気を使える人々と使えない人々の格差は、幾何級数的に拡大する。

　一方、環境問題は先進国と途上国で不均一に影響を及ぼす。気候変動は先進国と途上国の差なく地球全体で起こるが、途上国は自然環境の変化や異常気象に脆弱であり、より深刻な影響を受けやすい。例えば、アジア太平洋地域は乾燥・半乾燥地域、小島しょ、海岸デルタ、高山などの多様な自然条件があり、温暖化のさまざまな影響を受けやすい。また、途上国の経済は地域の自然環境に依拠した農山漁業の割合が大きいが、気候変動によって自然環境が激変することで、これらの産業が打撃を受ける。さらに、途上国は人的・科学的・技術的・財政的・制度的に気候変動へ対処する能力が不足している。先進国では、気候変動の影響を予測してインフラを整備するなどの適応策を取ることできるが、途上国ではその資金的余裕がない場合が多い。

　日本では深刻な問題となっていない事象でも、途上国では深刻な環境問題となっていることも多い。「1.2.4 サプライチェーンを通した環境影響」 に示したように、水資源問題は世界では深刻な問題であり、途上国が大きな被害を受けている。世界では、22 億人 が安全に管理された飲み水を使用できない。このうち、1 億 4,400 万人 は、湖、河川、用水路などの未処理の地表水を使用している [54]。水不足の最大の原因は人口増加である。人口増加と人間の水利用の間には高い相関関係があり、途上国での人口増加はそのまま水不足につながる。また、気候変動も水不足のリスク要因となる。気候変動で気温や降雨量が変化すれば、既存の生態系やダムなどの社会インフラが変化に対応できなくなる可能性がある。海面上昇が起これば、最終的に海水の量が増え、淡水の量が減っていくともいわれる。

　廃棄物問題については、途上国においては循環型社会の取り組み以前に、都市化の影響で深刻化する公害問題や健康問題をいかに回避するかというフェーズの社会問題である。途上国では、いまだに廃棄物はオープンダンピング（野積み）で処理されている地域も多い。アフリカ地域の約 7 割、中央アジア地域の約 5 割の廃棄物は、オープンダンピングで処理されている [183]。オープン

ダンピングサイトはハエ・蚊・ネズミなどの害虫・害獣を引き寄せ、疫病の媒介となる。また、浸出水によって表流水や地下水の汚染、悪臭、火災などの環境汚染や周辺環境への悪影響を起こす。これらの地域では従来はごみ組成の多くが有機物であったが、ライフスタイルの変化により、プラスチック、電気電子機器廃棄物（E–waste）、タイヤなど、分解せずに環境汚染の原因となる廃棄物も増加している。特に健康被害を受けるのは、これらの国でもオープンダンピングサイトの近くに居住するような貧困層に位置する人々である。

　公害も新興国や途上国が影響を受けている。先進国は経済発展の中でかつて大気汚染が大きな社会問題であったが、その経験の中で規制や環境技術を導入することにより、PM2.5、NOx、SOx といった大気汚染を緩和しつつある。しかし、新興国や途上国ではいまだに適切な環境技術が設けられていない設備が多く、火力発電や化学工場などから排出される排ガスが大気汚染を引き起こしている。世界では年間 490 万人（2017 年）が大気汚染に由来して死亡していると推計されている。特に中国（120 万人）、インド（120 万人）、パキスタン（12 万人）、インドネシア（12 万人）、バングラデッシュ（12 万人）といった新興国・途上国が大きな被害を受けている[184]。

　途上国の環境問題を考えるにあたっては、公害輸出という見方がある。公害輸出とは、先進国企業の活動が、途上国において公害を発生させることであり、①危険物・有害物の対外輸出、②危険工程・有害工程の対外移転、③対外的経済活動での安全・衛生・環境上の配慮の差別的軽視、の 3 つの形態があるとされる[185]。

　このうち①は、途上国におけるごみ問題の原因となる。かつては有害廃棄物の途上国への輸出は国際的な問題となっていたが、現在では廃棄物の国境を越える移動はバーゼル条約（1992 年発効）によって規制されている。ただし、中古品の扱いであればバーゼル条約で規制されないため、先進国から途上国へ中古品として輸出された自動車や電気電子機器が最終的に途上国で廃棄物問題を発生させる。途上国では、中古品をリサイクル・適正処理する技術や制度が確立していないため、日本ではリサイクルできるものであっても、途上国では環境問題や健康問題を引き起こす。

　②③については、先進国から途上国に工場が移転することにともなって引き

起こされる公害輸出である。先進国企業の国内工場で引き起こされるはずだった公害が、途上国に工場が移転されることによって現地で公害を引き起こすという考え方である。途上国は先進国に比べて、安全・衛生・環境に関わる規制水準が緩いケースがあり、途上国の規制にしたがって運用すると、先進国であれば起こりえなかった公害を発生させるリスクが高くなる。近年では、企業はサプライチェーン全体での責任を問われるケースが増えているため、途上国の工場においても日本の環境技術の移転という視点をもちつつ、十分な環境技術を導入することが望まれている。

5.6.2　地球環境問題における日本企業の貢献

① 環境技術の輸出

　フラット化する世界では途上国も発展し、それらの国々もこのままでは化石燃料多消費社会、大量生産・大量消費・大量廃棄型社会という、現在の先進国と同じ道のりを辿ることになる。一方で、最新の技術で再生可能エネルギーを用い、リサイクルで資源循環を成し遂げるリープフロッグ型発展をおこなう道のりもある。リープフロッグ型発展とは、既存の社会インフラが整備されていない新興国・途上国において、新しい技術やサービスが先進国の歩んできた技術進展を飛び越えて一気に広まることである[186]。例えば、電話回線が未整備な途上国において、携帯電話やスマートフォンが一気に普及し、社会構造を変革した事例がある。

　エネルギーの分野は、リープフロッグ型発展のターゲットになり得る。従来型であれば、送配電網が未整備の地域においては、火力発電などの大規模集中型の電気を各地域に送るために、多大なコストと長い時間をかけて送配電網を広範囲に整備していく必要がある。これに対し、太陽光発電、風力発電、中小水力発電、バイオマス発電といった地域資源を使う再生可能エネルギーとマイクログリッドを各地域で整備すれば、山間部など送配電網を整備するのが難しい地域でも電気を使うことができるようになる。太陽光発電をはじめとする再生可能エネルギーの発電コスト低減がこれを実現させる可能性が高い。電気が通れば生活の質が向上し、なおかつパソコンやインターネットも使えるように

なるため、デジタル・デバイドの解消にもつながる。未電化だった地域でも再生可能エネルギーを使ったデジタルデバイスとインターネットの普及により、世界経済に参加できるようになる。すなわち、再生可能エネルギーの普及は、途上国の貧困地域が世界の不均質さから脱却する術でもある。

　日本企業が世界の環境問題の解決に貢献する効果的な方法としては、日本国内における環境問題の解決によって鍛えられた環境技術を輸出する取り組みがある。技術の輸出のみでなく、海外において環境問題解決に貢献する事業に投資をする方法もある。日本政府は、日本の環境技術を途上国で用いてもらうことで、途上国のリープフロッグ型発展に貢献することを狙っており、官民一体となって日本の環境技術の輸出に取り組んでいる。

　環境省は、環境関連インフラの海外輸出を積極的に進めるため、『環境インフラ海外展開基本戦略』（2017 年）を策定し、環境技術を有する日本企業の海外展開を促進するための環境整備をおこなうとしている[187]。さらに日本政府の『インフラシステム輸出戦略』（2020 年改訂）においても、廃棄物処理、リサイクル、大気汚染、水（水資源、上下水道、浄化槽など）、再生可能エネルギー、水素、カーボンリサイクル、スマートシティなどの環境技術の輸出支援を推進していくとしている[188]。この背景には、日本が国際社会おいて環境問題解決に貢献するという意図と合わせて、産業政策としての側面がある。「5.2 環境関連シナリオからみる未来の絵姿」で述べたグリーン成長戦略に象徴されるように、日本政府は環境産業を未来の成長分野として位置づけている。

　一方、総じて日本の技術に対する海外の評価としては、品質は高いもののコスト高である、という見方が多勢である。また、再生可能エネルギー技術については、風力発電のように、コスト面のみならず技術面でもヨーロッパなど海外勢の後塵を拝しているものも多い。環境技術は、技術単体の導入だけでなく、規制などの政策や社会制度と同時に整備しない限り有効に機能しないという側面がある。環境・交通・通信・住宅・食料などの分野では、技術に加えて規制・利用システム・市場・文化的仕組み・インフラ・メンテナンスシステムについての総合的なイノベーションが必要となる[189]。

　このような観点から、『環境インフラ海外展開基本戦略』においては、環境技術単体の輸出のみでなく、「関連する制度設計や研修などの人材育成・能力

開発の支援に至るまでパッケージとしてとらえる」「プロジェクト形成に向けた制度から技術、ファイナンスまでのパッケージ支援」など、社会制度を含めたパッケージ輸出を基本方針として打ち出している。公害問題、化石燃料多消費社会、大量生産・大量消費・大量廃棄型社会などの社会的課題を、新興国・途上国に先駆けて経験し解決してきたノウハウを技術と一緒に海外に広めるという考え方である。

②　各環境分野の海外展開

■地球温暖化対策技術　日本政府が主に途上国に地球温暖化対策技術を輸出するにあたって活用しようとしている制度が、二国間クレジット制度（Joint Crediting Mechanism：JCM）である。日本政府が二国間で協定を締結したパートナー国に対して、日本の低炭素技術の輸出によって貢献した温室効果ガス削減量（クレジット）を日本の削減分として日本の削減目標達成に活用するという仕組みである。パートナー国は、モンゴル、バングラデシュ、エチオピア、ケニア、モルディブ、ベトナム、ラオス、インドネシア、コスタリカ、パラオ、カンボジア、メキシコ、サウジアラビア、チリ、ミャンマー、タイ、フィリピンの17か国 となっている（2020年8月時点）。京都議定書の終了によって、環境技術輸出の貢献による温室効果ガス削減を日本の削減分に組み込むことができる CDM が活用できなくなったことを受けて、日本が提案した排出量取引制度である。JCM を創出できる環境技術輸出のプロジェクトに対しては、温室効果ガス削減分に応じて日本政府が補助金などで支援する。

　企業側からみてこの制度を活用する利点としては、補助金などによって技術導入の初期投資が軽減できることがある。日本製品は省エネ技術や高効率な生産設備をはじめとして環境性能に優れた技術が多いが、初期投資が高く、途上国側にとって導入しにくいのが実情である。省エネや再生可能エネルギーなどは初期投資が高くても、長期的にみた場合のライフサイクルコストは低くなるケースが多いが、途上国では初期投資を重視して投資判断をおこなう傾向がある。

　このため、JCM の補助金などによって初期投資の負担を軽くできれば、導入促進につながる。途上国に最新技術導入の実績ができ、ライフサイクルコス

5

未来社会への視点

トが低減できることを現地に示すことで、いずれは自律的な技術導入を狙うことができる。また、クレジット創出時には温室効果ガス削減効果を定量的に評価するため、削減効果をオーソライズし、対外的に PR できる。日本政府にとっては、日本の環境技術輸出による産業振興につなげることができる。また、日本国内で削減余地が限られている温室効果ガス削減を、削減ポテンシャルが大きい途上国で代替して実施することで、相対的に低コストで自国の削減目標達成に組み込むことができる。

■廃棄物処理／リサイクル　日本は途上国よりも早くにごみ問題を経験し、2000 年前後から循環型社会構築を進めてきたため、廃棄物処理技術やリサイクル技術は世界的にみて進んでいる。例えば、金属リサイクルの分野においては、特許出願ランキングでみると、物理選別技術を保有する上位 10 企業中 6 企業は日本企業であり、また化学分離技術に関しては上位 10 企業中 5 企業が日本企業となっている。ごみ焼却発電でも日本企業が世界で大きなシェアを占めるなど、日本が国際的な競争力をもつ分野である[190]。

　日本国内においては、廃棄物・リサイクル関連市場は成熟産業であり、2019 年に約 4.6 兆円 となっている市場規模が、今後は人口減少や資源需要の減少により廃棄物発生量が減少し、2050 年には約 3.3 兆円 まで減少すると推計されている[98]。一方、海外の廃棄物・リサイクル市場は 2019 年の約 61 兆円 から、2050 年には約 110 兆円 まで倍増するとの試算がある[99]。特にアジア・アフリカ地域においては、経済成長にともなう廃棄物増加が見込まれ、さらに廃棄物の適正処理やリサイクル処理の技術導入は端緒についたばかりであるため、海外に目を向けると大きな成長ポテンシャルがある分野といえる。途上国において、ごみ問題に起因する環境破壊・健康被害の解決に日本企業が貢献できる。

　一方で、どこの国でも廃棄物・リサイクル産業はいわゆるローカルルールが色濃い産業であるため、地球温暖化対策関連産業と比べて、参入が難しい分野でもある。例えば途上国においては、オープンダンピングによる廃棄物処理場が、貧困層が有価物を回収する「ウェスト・ピッカー」として生計を立てる場所となっているなど、地域の貧困・差別問題と複雑に絡む地域もある。リサイ

クル産業が成立するためには、単に処理技術を導入するだけではなく、廃棄物排出元での分別回収や収集運搬といった廃棄物の適正なフローの構築、もしくは廃棄物の取り扱いを定めた制度設計といった社会システム全体の構築が必要となる。

　このような観点から、廃棄物・リサイクル市場に日本企業が丸腰で進出するのではなく、日本政府が支援をおこなうことに合理性がある。『海外展開戦略（リサイクル）』（経済産業省、2018 年）では、日本企業が廃棄物・リサイクル分野で海外展開をおこなうにあたり、制度面での障壁、廃棄物収集の困難さ、適正処理の認識不足、リソースの問題（人材、投資リスク）、が課題になっていると整理している。これに対し、日本政府は廃棄物・リサイクル分野の海外展開支援の政策の方向性として、現地パートナー作りと連携スキームの構築支援、政府間での協力、民間企業の支援、人材育成、の 4 点での施策を掲げている[190]。

■**水資源**　水資源分野の市場は、上水、造水、産業用水、産業排水、再利用水、下水、海水淡水化などがあり、世界的には水ビジネスの拡大が期待されている。ただし、世界の水ビジネスにおいて、日本企業の存在感は薄い。『水ビジネス海外展開と動向把握の方策に関する調査』（経済産業省、2018 年）によると、海外市場規模に占める日本企業のシェアはわずか 0.4 ％ に過ぎない[191]。

　日本の水ビジネスの特徴としては、上下水道の O&M（オペレーション＆メンテナンス）が長期にわたり地方自治体の専管事項であったことで、水ビジネスの根幹となる O&M に関するノウハウが国内企業に蓄積されていないことがある。また、地方自治体が担う O&M は高コストであるため、国内ではO&M の低コスト化に関する知見が豊富ではない。世界の水メジャー（水資源分野の巨大企業）は、装置設計・建設から O&M までを中核事業として位置づけ、その事業範囲を部材・部品・機器製造分野まで拡大し、一貫したサービスを提供している。これに対し、日本企業は低コスト化や業務効率化のインセンティブがない地方自治体の事業を顧客としてきており、なおかつ対象としてきた製品・サービスが水メジャーのような横断的なものでなく個別技術で細分化されて発展してきたため、国際的にみて水ビジネス市場の中で高い競争力をも

5

未来社会への視点

つとはいい難いのが実情である。

　このような不利な状況を補うため、日本企業が水ビジネスで海外展開をおこなうにあたっては、海外企業との連携を中心とした戦略が取られている。近年では、水処理部材メーカーや装置・プラントメーカーの多くは、海外現地企業などとの販売提携、技術提携、合併・買収（M&A）、合弁会社（JV）などの各種の連携を実施している。また、商社は現地企業への資本参加、M&A、合弁会社設立、業務提携などにより、上下水道事業や海水淡水化事業などに進出している。

　『海外展開戦略（水）』（経済産業省、2018 年）では、水ビジネスの海外展開において取り組むべき課題として、わが国が強みとする技術・ノウハウのパッケージ提案、各国のニーズに応じた上流からの提案、幅広い海外パートナーとの連携、質が高く安全な技術の国際スタンダード化、公的支援の拡充、を挙げている[192]。

■**スマートシティ**　新興国・途上国の都市化にともなう課題を解決するスマートシティ関連技術の海外展開を目指すことが、日本政府の『インフラシステム輸出戦略』などにおいて示されている。海外におけるスマートシティ開発には、従来型の基礎インフラ（電力、ガス、上下水道、道路など）の整備に加え、モビリティサービスやエネルギー最適化システムなど、人々の生活の質を向上させるデジタルサービスの提供が含まれる。日本政府の戦略で目指されているのは、単体の技術のみでなく、技術の組み合わせ、サービス、社会制度構築を含めたインフラをパッケージ輸出することである。アジア地域においては、2018 年の ASEAN（Association of South–East Asian Nations）サミットにおいて、ASEAN の各都市におけるスマートシティ促進を目的として、The ASEAN Smart Cities Network（ASCN）が設置された。ASEAN の 10 か国から 26 都市が選ばれ、各国が協力して民間企業や諸外国との連携を通じたプロジェクトを推進することが目指されている[193]。

　ただし実際には、くしくも 2020 年のコロナ禍の中で、日本国内においては行政分野における ICT 化が、他先進国のみならず新興国と比べても遅れていることが露呈してしまった。このため、まずは日本国内で ICT を使った社会

全体の効率化・生産性の向上を急ぎ、日本技術の国際競争力を鍛える必要があることも事実である。日本技術を海外展開する前提として、ICT や先進的インフラを用いた都市がどのような社会になるかをまずは国内で示さなくてはならない。日本は、スマートシティで必要とされる各種の要素技術はそろっているものの、実践する場所がないことや、各種の規制などの社会的制約が技術の導入を阻むことが課題となってきた。地方自治体や企業が事業計画を立てても、事業計画案の検討中に規制に対応するために省庁との調整に多大な社会的コストがかかり、その段階で多くの事業が断念、もしくは個別に内容の修正を受け、もとの計画がバラバラになるというのが常であった。これらの社会的制約を打破するため、日本政府は「改正国家戦略特区法」（通称：スーパーシティ法）を 2020 年 5 月に制定し、スマートシティ関連の取り組みを円滑にしようとしている。同法により、特区の指定を受けた地方自治体では、複数の規制改革事項を一括して進めることができるようになり、先端技術の活用をおこないやすくなる。このような方策により、日本政府はまずは国内でスマートシティの実現に向けた迅速な改革を進めることを目指している。

5.6.3 未来社会での企業の役割

これまで述べたように、21 世紀に入り、企業は環境破壊の主役から環境問題解決の主役となっている。企業は各々の活動における環境負荷を減らすだけでなく、自社の技術・製品・サービスにより、社会全体における環境問題を解決する役割を担う。大きな社会変革は、企業単体で成し遂げることは不可能である。このため、日本政府は企業の技術開発をさまざまな施策で支援し、それを社会に実装するための仕組みづくりをおこなおうとしている。日本政府が環境産業を支援する意図としては、環境問題解決という視点のみでなく、環境産業が 21 世紀の成長産業の柱であるという視点も大きい。企業もこのような大きな流れに呼応しようとし、また SDGs というキーワードを得て、自社が長期的視点で何をおこなうことができるかを試行錯誤している。かつて企業は環境問題をリスクと捉えて対応をおこなうことが多かったが、現在では環境への対応をむしろ本業のビジネスチャンスとして捉える思考が浸透しつつある。環境

5

未来社会への視点

問題解決への積極的な取り組みは、企業の成長と持続可能な社会構築の両立につながる。

　業種によって企業が実行できる取り組みは一様ではないが、環境や SDGs といったキーワードから自社の事業ドメインを再検証すれば、実行できる取り組みがみつかることが多い。また、その基軸で事業全体を再定義すれば、新たな製品・サービスの方向性を発見できる可能性がある。大企業、中小企業、ベンチャー企業に関わらず、チャンスは同様に存在する。そして、その取り組みに対し、国は積極的な後押しをおこなっている。

　環境産業は裾野が広いとともに、市場が世界に広がっているところに特徴がある。日本という成熟した市場・社会のみで環境産業を考えるのは得策ではなく、新興国・途上国を中心とした海外にも未来に向けたニーズとビジネスチャンスがあることに留意が必要である。ただし一方で、海外展開は他国企業との競争になる。そこでは、現地企業との連携、政府との連携、企業間の連携などの、連携がキーワードとなる。

5.7　本章のまとめ

　日本政府の『2050 年カーボンニュートラルに伴うグリーン成長戦略』（2020 年）は、地球温暖化対策を成長の機会ととらえ、環境産業を産業政策の中心として位置づけている。この戦略を実現することで、2030 年で年額 90 兆円、2050 年で年額 190 兆円程度の経済効果が見込まれるとしている。2050 年には再生可能エネルギー比率を 50 〜 60 ％ と、現在の 3 倍近くに高める方針としている。

　未来社会に向けて環境問題解決の鍵を担うのは技術開発である。日本政府は、成長戦略の柱に環境分野を位置づけ、産学官連携で国産の環境技術の開発を主導しようとしている。例えば、『革新的環境イノベー

ション戦略』(2020年)では、温室効果ガス削減量が大きく、日本の技術力による貢献が可能な16の技術課題を設定し、政策的に支援する方針を示している。

インターネットの普及により、世界は「フラット化」している。フラット化する世界では途上国も発展し、それらの国々もこのままでは化石燃料多消費社会、大量生産・大量消費・大量廃棄型社会という、現在の先進国と同じ道のりを辿ることになる。これを避けるため日本企業は、最新の環境技術で途上国のリープフロッグ型発展を支援できる。特に分散型の再生可能エネルギーの普及は、電力供給によってデジタル・デバイドの解消に貢献でき、途上国の貧困地域が世界の不均質さから脱却することにつなげられる。

演習1

本章で挙げた参考文献などを参考に、環境の観点から2050年がどのような社会になっているか、またはどのような社会にしていきたいかを自分なりに整理しなさい。地球環境の変化、人々の暮らし、国際社会の動向、環境技術の動向、などを視点とすること。

演習2

関心のある企業を選定し、2050年時点でその企業はどのようなことをおこなうべきかを考えなさい。また、2050年からのバックキャストで2030年時点での企業の行動を考えなさい。地球温暖化対策、循環型社会、サプライチェーンを通じた環境影響、および自社ビジネスによる国際社会への貢献などを視点とすること。

参 考 文 献

[1] 亀山康子. 新・地球環境政策. 昭和堂, 2010.
[2] 沖大幹ほか. SDGs の基礎. 事業構想大学院大学出版部, 2018.
[3] モニターデロイト編. SDGs が問いかける経営の未来. 日本経済新聞出版社, 2018.
[4] 蟹江憲史. SDGs. 中央公論新社, 2020.
[5] United Nations Development Programme. "Sustainable Development Goals". https://ungcjn.org/sdgs/, (参照 2021–09–01).
[6] 内藤正明. 岩波講座 地球環境学〈10〉持続可能な社会システム. 岩波書店, 1998.
[7] Winston, Andrew S., Esty, Daniel C. Green to Gold: How Smart Companies Use Environmental Strategy to Innovate, Create Value, and Build Competitive Advantage（邦題：グリーン・トゥ・ゴールド）. Yale University Press, 2006.
[8] Global Footprint Network. "Ecological Footprint". https://www.footprintnetwork.org/our-work/ecological-footprint, (参照 2021–09–01).
[9] Johan Rockstroem and Mattias Klum. Big World, Small Planet: Abundance within Planetary Boundaries（邦題：小さな地球の大きな世界 プラネタリー・バウンダリーと持続可能な開発）. Yale University Press, 2015.
[10] The World Bank. "World Bank Open Data". https://data.worldbank.org, (参照 2021–09–01).
[11] 平沼光. 資源争奪の世界史 スパイス、石油、サーキュラーエコノミー. 日経 BP, 2021.
[12] Intergovernmental Panel on Climate Change. Sixth Assessment Report, Climate Change 2021 (AR6). 2021. https://www.ipcc.ch/report/sixth-assessment-report-working-group-i/.
[13] 環境省. "世界のエネルギー起源 CO_2 排出量". http://www.env.go.jp/earth/ondanka/cop/shiryo.html#05, (参照 2021–08–01).
[14] Roser, Hannah Ritchie and Max. "Our World in Data:CO2 emissions". https://ourworldindata.org/CO2-emissions, (参照 2021–08–01).
[15] Intergovernmental Panel on Climate Change. The Ocean and Cryosphere in a Changing Climate. 2019. https://www.ipcc.ch/site/assets/uploads/sites/3/2019/12/SROCC_FullReport_FINAL.pdf.
[16] David Wallace–Wells. The Uninhabitable Earth: Life After Warming（邦題：地球に住めなくなる日:「気候崩壊」の避けられない真実）. Tim Duggan Books, 2019.
[17] 鬼頭昭雄. 異常気象と地球温暖化. 岩波書店, 2015.
[18] 環境省. "2100 年未来の天気予報". https://ondankataisaku.env.go.jp/coolchoice/2100weather/, (参照 2021–09–01).
[19] United Nations Environment Programme. Emissions Gap Report 2020. 2020. https://www.unep.org/emissions-gap-report-2020.
[20] International Energy Agency. Key World Energy Statistics 2021. 2021. https://www.iea.org/.
[21] 資源エネルギー庁. "2020—日本が抱えているエネルギー問題". https://www.enecho.meti.go.jp/about/special/johoteikyo/energyissue2020_1.html, (参照 2021–09–01).
[22] 資源エネルギー庁. 令和 2 年度エネルギーに関する年次報告 （エネルギー白書 2021）. 2021. https://www.enecho.meti.go.jp/about/whitepaper/2021/pdf/.
[23] 経済産業省. 第 6 次エネルギー基本計画. 2021. https://www.meti.go.jp/press/2021/10/20211022005/20211022005-1.pdf.
[24] Smil, Vaclav. Energy and Civilization: A History（邦題：エネルギーの人類史）.

MIT press, 2018.

[25] Hubbert, M. King. Nuclear Energy and the Fossil Fuels. Drilling and Production Practice 1956. 1956, p.7–25.

[26] International Energy Agency. World Energy Outlook 2010. 2010. https://www.iea.org/reports/world-energy-outlook-2010.

[27] 資源エネルギー庁. 平成 29 年度エネルギーに関する年次報告（エネルギー白書 2018）. 2018. https://www.enecho.meti.go.jp/about/whitepaper/2018/.

[28] 石油連盟. 今日の石油産業 2018. 2018. https://www.paj.gr.jp/statis/data/data/2018_data.pdf.

[29] Rifkin, Jeremy. Zero Marginal Cost Society（邦題：限界費用ゼロ社会）. Griffin, 2015.

[30] 環境省. 令和 3 年版環境白書・循環型社会白書・生物多様性白書. 2021. https://www.env.go.jp/policy/hakusyo/r03/pdf.html.

[31] 環境省. 日本の廃棄物処理の歴史と現状. 2014. https://www.env.go.jp/recycle/circul/venous_industry/ja/history.pdf.

[32] 保坂直紀. 海洋プラスチック 永遠のごみの行方. KADOKAWA, 2020.

[33] World Economic Forum. The New Plastics Economy, Rethinking the future of plastics. 2016. http://www3.weforum.org/docs/WEF_The_New_Plastics_Economy.pdf.

[34] National Geographic. "鼻にストローが刺さったウミガメを救助". https://natgeo.nikkeibp.co.jp/atcl/news/15/081900226/, (参照 2021–09–01).

[35] Food and Agriculture Organization of the United Nations. The state of food security and nutrition in the world 2020. 2020. http://www.fao.org/3/ca9692en/online/ca9692en.html.

[36] Food and Agriculture Organization of the United Nations. Global food losses and food waste. 2011. http://www.fao.org/3/mb060e/mb060e.pdf.

[37] 農林水産省. "食品ロス量（平成 30 年度推計値）の公表について". https://www.maff.go.jp/j/press/shokusan/kankyoi/210427.html, (参照 2021–09–01).

[38] 田中勝（株式会社廃棄物工学研究所）. 世界の廃棄物発生量の推計と将来予測 2020 年改訂版. 2020. http://www.riswme.co.jp/cgi-image/news/52/file2.pdf.

[39] 経済産業省. 新国際資源戦略. 2020. https://www.meti.go.jp/press/2019/03/20200330009/20200330009-1.pdf.

[40] 環境省. プラスチック資源循環戦略. 2019. https://www.env.go.jp/press/files/jp/111747.pdf.

[41] 独立行政法人物質・材料研究機構. "わが国の都市鉱山は世界有数の資源国に匹敵". https://www.nims.go.jp/news/press/2008/01/p200801110.html, (参照 2021–09–01).

[42] 環境省. "小型家電リサイクルの概要". http://kogatakaden.env.go.jp/overview.html, (参照 2021–02–28).

[43] 一般社団法人産業環境管理協会. リサイクルデータブック 2019. 2019. http://www.cjc.or.jp/data/pdf/book2019.pdf.

[44] 日本プラスチック工業連盟. "プラスチック製品ができるまで". http://www.jpif.gr.jp/2hello/conts/dekiru1.pdf, (参照 2021–02–28).

[45] 石油化学工業協会. "プラスチック加工製品の分野別生産比率". https://www.jpca.or.jp/statistics/annual/plastic.html, (参照 2021–09–01).

[46] 一般社団法人プラスチック循環利用協会. プラスチックリサイクルの基礎知識 2021. 2021. https://www.pwmi.or.jp/data.php?p=panf.

[47] United Nations Environment Programme. Single–use plastics: A roadmap for sustainability. 2018. https://www.unep.org/resources/report/single-use-plastics-roadmap-sustainability.

[48] Intergovernmental science–policy Platform on Biodiversity and Ecosystem Ser-

vices. Global Assessment Report on Biodiversity and Ecosystem Services. 2019. https://ipbes.net/global-assessment.

[49] Costanza, Robert, D'Arge, Ralph, Groot, Rudolf de, Farber, Stephen, Grasso, Monica. The value of the world's ecosystem services and natural capital. Nature. 1997, vol. Volume 387, p.253–260.

[50] 古川昭雄. "熱帯林生態系の構造解析". 国立研究開発法人国立環境研究所. https://www.nies.go.jp/kanko/news/10/10-3/10-3-04.html, (参照 2021–09–01).

[51] 環境省. 森林と生きる. 2016. https://www.env.go.jp/nature/shinrin/download/forest_pamph_2016.pdf.

[52] 環境省. "生物多様性条約 HP". https://www.biodic.go.jp/biodiversity/about/biodiv_crisis.html, (参照 2021–09–01).

[53] 吉村和就. 水ビジネス 110 兆円水市場の攻防. 角川書店, 2009.

[54] United Nations Children's Fund. Progress on household drinking water, sanitation and hygiene, 2000–2017. 2019. https://data.unicef.org/resources/progress-drinking-water-sanitation-hygiene-2019/.

[55] 風間聡, 沖大幹. 温暖化による水資源への影響. 地球環境. 2006, vol. 11 (1), p.59–65.

[56] 環境省. "バーチャルウォーターとは". https://www.env.go.jp/water/virtual_water/, (参照 2021–09–01).

[57] 関礼子, 中澤秀雄, 丸山康司, 田中求. 環境の社会学. 2009.

[58] Carson, Rachel. Silent Spring（邦題：沈黙の春）. Penguin Classics, 1962.

[59] 森晶寿, 竹歳一紀, 在間敬子, 孫穎. 環境政策論: 政策手段と環境マネジメント. ミネルヴァ書房, 2014.

[60] 吉田文和編. 環境と開発 岩波講座 環境経済・政策学 (第 2 巻). 岩波書店, 2002.

[61] 井上堅太郎. 日本環境史概説. 大学教育出版, 2006.

[62] 関谷直也, 瀬川至朗. メディアは環境問題をどう伝えてきたのか: 公害・地球温暖化・生物多様性. ミネルヴァ書房, 2015.

[63] 植田和弘編. 岩波講座 環境経済・政策学〈第 3 巻〉環境政策の基礎. 岩波書店, 2003.

[64] 小林好宏. 公共事業と環境問題. 中央経済社, 2003.

[65] Nuclear Energy Agency. Market Competition in the Nuclear Industry. 2008. https://www.oecd-nea.org/jcms/pl_14258.

[66] 吉岡斉. 新版 原子力の社会史 その日本的展開. 朝日新聞出版, 2011.

[67] Rifkin, Jeremy. The Green New Deal（邦題：グローバル・グリーン・ニューディール）. St. Martin's Press, 2019.

[68] Schwab, Klaus. The Fourth Industrial Revolution（邦題：第四次産業革命 ダボス会議が予測する未来）. Currency, 2017.

[69] Toffler, Alvin. The Third Wave（邦題：第三の波）. William Morrow, 1980.

[70] Friedman, Thomas L. Hot, Flat, and Crowded: Why The World Needs A Green Revolution — and How We Can Renew Our Global Future（邦題：グリーン革命）. Penguin, 2009.

[71] 環境省. 平成 30 年度 環境にやさしい企業行動調査. 2019. http://www.env.go.jp/policy/j-hiroba/kigyo/R1/post_35.html.

[72] 環境省. 平成 8 年度「環境にやさしい企業行動調査. 1996. http://www.env.go.jp/press/67.html.

[73] 一般社団法人日本経済団体連合会. 企業行動憲章に関するアンケート調査結果. 2018. https://www.keidanren.or.jp/policy/2018/059.html.

[74] 株式会社日経リサーチ. 日経「SDGs 経営」調査 調査結果レポート. 2020. https://www.nikkei-r.co.jp/files/user/pdf/service/SDGs/sdgs-seminar202003.pdf.

[75] 株式会社富士通総研. "企業の SDGs の取り組みの浸透と課題". https://www.fujitsu.com/jp/group/fri/knowledge/opinion/er/2019/2019-1-2.html, (参照 2021–09–01).

[76] 伊吹英子. CSR 経営戦略 「社会的責任」で競争力を高める. 東洋経済新報社, 2005.

［77］ 関正雄. ISO 26000 を読む. 日科技連出版社, 2011.

［78］ Global Reporting Initiative. GRI Standards. 2016. https://www.globalreporting.org/how-to-use-the-gri-standards/gri-standards-japanese-translations/.

［79］ KPMG ジャパン. 日本におけるサステナビリティ報告 2020. 2021. https://assets.kpmg/content/dam/kpmg/jp/pdf/2021/jp-sustainability-report-survey-2020.pdf.

［80］ Porter, Michael E., Kramer, Mark R. Creating Shared Value. How to Reinvent Capitalism — And Unleash a Wave of Innovation and Growth. Harvard Business Review. 2011, vol. January–Fe, p.1–17.

［81］ 水口剛. ESG 投資 新しい資本主義のかたち. 日本経済新聞出版, 2017.

［82］ 夫馬賢治. ESG 思考 激変資本主義 1990–2020、経営者も投資家もここまで変わった. 講談社, 2020.

［83］ The Global Sustainable Investment Alliance. Global Sustainable Investment Review 2020. 2021. http://www.gsi-alliance.org/.

［84］ Clark, Gordon L., Feiner, Andreas, Viehs, Michael. From the Stockholder to the Stakeholder: How Sustainability Can Drive Financial Outperformance. 2015. https://papers.ssrn.com/sol3/papers.cfm?abstract_id=2508281.

［85］ 日本経済新聞社. SDGs「企業の番付表」. 2019. https://www.nikkei.com/article/DGXMZO52733090Y9A121C1000000/?n_cid=DSREA001.

［86］ Task Force on Climate–related Financial Disclosures. Recommendations of the Task Force on Climate-related Financial Disclosures. 2017. https://assets.bbhub.io/company/sites/60/2020/10/TCFD_Final_Report_Japanese.pdf.

［87］ Hoffman, Andrew J. Competitive environmental strategy: A guide to the changing business landscape. Island press, 2000.

［88］ Porter, Michael E. "America's Green Strategy". Scientific American. New York, Scientific American, Incorporated, 1991.

［89］ BloombergNEF. Electric Vehicle Outlook 2021. 2021. https://about.bnef.com/electric-vehicle-outlook/.

［90］ Toffler, Alvin, Toffler, Heidi. Revolutionary Wealth（邦題：富の未来）. Knopf, 2006.

［91］ 株式会社富士経済. 2018 年版住宅エネルギー・サービス・関連機器エリア別普及予測調査. 2018. https://www.nikkei.com/article/DGXLRSP494901_S8A101C1000000/.

［92］ 野口悠紀雄. "乗用車保有の考え崩す「完全自動運転」後の世界". 東洋経済オンライン. 2019. https://toyokeizai.net/articles/-/316256.

［93］ 環境省. "環境ビジネスの先進事例集". https://www.env.go.jp/policy/keizai_portal/B_industry/frontrunner/index.html, (参照 2021–09–01).

［94］ 一般社団法人サステナブル経営推進機構. "エコプロアワード". https://sumpo.or.jp/seminar/awards/, (参照 2021–09–01).

［95］ 一般財団法人省エネルギーセンター. "省エネ大賞". https://www.eccj.or.jp/bigaward/item.html, (参照 2021–09–01).

［96］ 一般財団法人省エネルギーセンター. "省エネ・節電ポータルサイト". https://www.shindan-net.jp/catalog/, (参照 2021–09–01).

［97］ 外務省. "JAPAN SDGs Action Platform". https://www.mofa.go.jp/mofaj/gaiko/oda/sdgs/index.html, (参照 2021–09–01).

［98］ 環境省. 令和 2 年度環境産業の市場規模推計等委託業務 環境産業の市場規模・雇用規模等に関する報告書. 2021. https://www.env.go.jp/press/109722.html.

［99］ 環境省. 平成 30 年度環境産業の市場規模推計等委託業務 環境産業の市場規模・雇用規模等に関する報告書. 2019. http://www.env.go.jp/press/106897.html.

［100］ REN21. Renewables 2019 Global Status Report. 2019. https://www.ren21.net/wp-content/uploads/2019/05/gsr_2019_full_report_en.pdf.

［101］ Business and Sustainable Development Commission. Better Business, Bet-

ter World. 2017. https://sustainabledevelopment.un.org/content/documents/
2399BetterBusinessBetterWorld.pdf.

[102] 細田衛士, 横山彰. 環境経済学. 有斐閣, 2007.

[103] 植田和弘. 環境経済学. 岩波書店, 1996.

[104] Hardin, Garrett. The Tragedy of the Commons. Science. 1968, vol. 162, no. 3859,
p.1243–1248.

[105] 倉阪秀史. 環境政策論 [第 3 版]. 信山社, 2015.

[106] 内閣府. 気候変動に関する世論調査. 2020. https://survey.gov-online.go.jp/r02/
r02-kikohendo/index.html.

[107] 環境省. 環境問題に関する世論調査（令和元年 8 月調査）. 2019. https://survey.
gov-online.go.jp/r01/r01-kankyou/index.html.

[108] ボストン コンサルティング グループ. BCG カーボンニュートラル経営戦略. 日経 BP,
2021.

[109] 山村恒年. 環境 NGO —— その活動・理念と課題. 信山社出版, 1998.

[110] 毛利聡子. NGO から見る国際関係. 法律文化社, 2011.

[111] 内閣府. "NPO 法人ポータルサイト". https://www.npo-homepage.go.jp/, (参照
2021–09–01).

[112] 国立研究開発法人国立環境研究所. 環境意識に関する世論調査報告書. 2016. https://
www.nies.go.jp/whatsnew/2016/jqjm10000008nl7t-att/jqjm10000008noea.pdf.

[113] O'Neill, Saffron J., Hulme, Mike. An iconic approach for representing climate
change. Global Environmental Change. 2009, vol. 19, no. 4, p.402–410.

[114] 宗像優編. 講座臨床政治学第六巻 環境政治の展開. 志學社, 2016.

[115] 蟹江憲史. 環境政治学入門—地球環境問題の国際的解決へのアプローチ. 丸善, 2004.

[116] 星野智. 環境政治とガバナンス. 中央大学出版部, 2009.

[117] 内藤壽夫, 市川章, 加々谷勲, 時枝隆, 元廣祐治. ISO14001 マネジメントシステム構築・
運用の仕方 – 事業と業務に統合した EMS. 日科技連出版社, 2016.

[118] 北山正文. 環境アセスメントの実施手法. 日刊工業新聞社, 2005.

[119] 鈴木敏央. 新・よくわかる ISO 環境法\[改訂第 15 版] ISO14001 と環境関連法規. ダイ
ヤモンド社, 2020.

[120] 環境省. "令和元年度における家電リサイクル実績について". http://www.env.go.jp/
press/108131.html, (参照 2021–09–01).

[121] 環境省. "産業廃棄物の排出及び処理状況等". http://www.env.go.jp/recycle/waste/
sangyo.html, (参照 2021–08–01).

[122] 国土交通省. "平成 30 年度建設副産物実態調査結果（確定値）". https://www.mlit.go.
jp/report/press/sogo03_hh_000233.html, (参照 2021–09–01).

[123] 環境省. 小型家電リサイクル制度の施行状況の評価・検討に関する報告書. 2020.
https://www.env.go.jp/press/files/jp/114485.pdf.

[124] REN21. Renewables 2021 Global Status Report. 2021. https://www.ren21.net/
reports/global-status-report/.

[125] International Energy Agency. World Energy Outlook 2019. 2019. https://www.
iea.org/reports/world-energy-outlook-2019.

[126] International Energy Agency. World Energy Outlook 2016. 2016. https://www.
iea.org/reports/world-energy-outlook-2016.

[127] 経済産業省. "第 61 回調達価格等算定委員会 資料 1 国内外の再生可能エネルギーの
現状と今年度の調達価格等算定委員会の論点案". https://www.meti.go.jp/shingikai/
santeii/061.html, (参照 2021–09–01).

[128] 国立研究開発法人新エネルギー・産業技術総合開発機構. 太陽光発電開発戦略
2020（NEDO PV Challenges 2020）. 2020. https://www.nedo.go.jp/content/
100926249.pdf.

[129] 独立行政法人 新エネルギー・産業技術総合開発機構. NEDO 再生可能エネルギー技術白
書 第 2 版. 2014. https://www.nedo.go.jp/library/ne_hakusyo_index.html.

［130］ 環境省. 平成 21 年度再生可能エネルギー導入ポテンシャル調査報告書. 2010. http://www.env.go.jp/earth/report/h22-02/full.pdf.

［131］ 経済産業省. "第 70 回調達価格等算定委員会 資料 1 国内外の再生可能エネルギーの現状と今年度の調達価格等算定委員会の論点案". https://www.meti.go.jp/shingikai/santeii/070.html, (参照 2021–10–09).

［132］ 山家公雄. 再生可能エネルギーの真実. 東京, エネルギーフォーラム, 2013.

［133］ 国立研究開発法人国立環境研究所. "環境技術解説：電力貯蔵技術". https://tenbou.nies.go.jp/science/description/detail.php?id=100, (参照 2021–08–01).

［134］ 公益財団法人自然エネルギー財団. 自然エネルギーの電力を増やす企業・自治体向け電力調達ガイドブック 第 4 版. 2021. https://www.renewable-ei.org/pdfdownload/activities/RE_Procurement_Guidebook_JP_2021.pdf.

［135］ 資源エネルギー庁. エネルギーの使用の合理化等に関する法律 省エネ法の概要. 2019. https://www.enecho.meti.go.jp/category/saving_and_new/saving/summary/pdf/20181227_001_gaiyo.pdf.

［136］ 国土交通省. "建築物省エネ法のページ". https://www.mlit.go.jp/jutakukentiku/jutakukentiku_house_tk4_000103.html, (参照 2021–09–01).

［137］ 一般財団法人省エネルギーセンター. 工場の省エネルギーガイドブック 2021. 2021. https://www.shindan-net.jp/catalog/.

［138］ 一般財団法人省エネルギーセンター. ビルの省エネルギーガイドブック 2021. 2021. https://www.shindan-net.jp/catalog/.

［139］ 一般財団法人太陽光発電協会. "第 62 回調達価格等算定委員会 資料 1 太陽光発電の状況". https://www.meti.go.jp/shingikai/santeii/pdf/062_01_00.pdf, (参照 2012–08–01).

［140］ 国土交通省. "運輸部門における二酸化炭素排出量". https://www.mlit.go.jp/sogoseisaku/environment/sosei_environment_tk_000007.html, (参照 2021–08–01).

［141］ 一般社団法人次世代自動車振興センター. "充電スポット／水素ステーション". http://www.cev-pc.or.jp/lp_clean/spot/, (参照 2021–08–01).

［142］ Graedel, Thomas E., Allenby, Braden R. Industrial Ecology (邦題：産業エコロジー). AT & T, Prentice–Hall, 1995.

［143］ 環境省. ウォーターフットプリント算出事例集. 2014. https://www.env.go.jp/water/wfp/attach/jireisyu.pdf.

［144］ 山田秀監修. 環境配慮設計（エコデザイン）の要求事項 — IEC 62430:2009(JIS C 9910:2011) を中心とした解説と実践例. 日本規格協会, 2011.

［145］ 一般財団法人家電製品協会. 家電製品 製品アセスメントマニュアル 第 5 版. 2015. https://www.aeha.or.jp/assessment_manual/doc/PAM5S/PAM5S_ALL.pdf.

［146］ 吉沢正, 中山哲男, 横山宏. 環境にやさしいものづくりの新展開 — ISO 環境適合設計規格と先端事例. 日本規格協会, 2004.

［147］ 一般社団法人産業環境管理協会. リサイクルデータブック 2021. 2021. http://www.cjc.or.jp/data/databook.html.

［148］ 古賀智敏編. 統合報告革命: ベスト・プラクティス企業の事例分析. 税務経理協会, 2015.

［149］ International Integrated Reporting Council. International Integirated Reporting Framework. 2021. https://integratedreporting.org/wp-content/uploads/2021/01/InternationalIntegratedReportingFramework.pdf.

［150］ 環境省. 環境会計ガイドライン 2005 年版. 2005. https://www.env.go.jp/press/file_view.php?serial=6396&hou_id=5722.

［151］ 國部克彦. 環境管理会計入門―理論と実践. 産業環境管理協会, 2004.

［152］ 國部克彦. 実践マテリアルフローコスト会計. 産業環境管理協会, 2008.

［153］ 山口光恒監修. 環境ラベル. 産業環境管理協会, 2001.

［154］ J–クレジット制度事務局. "J–クレジットの活用方法". https://japancredit.go.jp/case/, (参照 2021–08–01).

［155］ 中央環境審議会 地球環境部会 気候変動評価小委員会. 日本における気候変動による影響に関する評価報告書. 2015. https://www.env.go.jp/press/files/jp/114734.pdf.

［156］ 閣議決定. 気候変動適応計画. 2018. http://www.env.go.jp/earth/tekiou/tekioukeikaku.pdf.

［157］ 環境省. 民間企業の気候変動適応ガイド. 2019. https://www.env.go.jp/press/files/jp/111142.pdf.

［158］ United Nations Environment Programme. The Adaptation Finance Gap Report. 2016. https://backend.orbit.dtu.dk/ws/files/198610751/Adaptation_Finance_Gap_Report_2016.pdf.

［159］ 経済産業省. 日本企業による適応グッドプラクティス事例集. 2019. https://www.meti.go.jp/policy/energy_environment/global_warming/pdf/JCM_FS/adaptation_goodpractice_FY2018JPN_FIN.pdf.

［160］ 経済産業省. 企業のための温暖化適応ビジネス入門. 2018. https://www.meti.go.jp/policy/energy_environment/global_warming/pdf/JCM_FS/Adaptation_business_guidebook.pdf.

［161］ Heijden, Kees van der. Scenarios: The Art of Strategic Conversation（邦題：シナリオ・プランニング）. John Wiley & Sons, 1996.

［162］ 経済産業省. 2050 年カーボンニュートラルに伴うグリーン成長戦略. 2021. https://www.meti.go.jp/press/2021/06/20210618005/20210618005.html.

［163］ 環境省. 第 5 次環境基本計画. 2018. https://www.env.go.jp/policy/kihon_keikaku/plan/plan_5/attach/ca_app.pdf.

［164］ Steinmueller, W. Edward. Economics of technology policy. Handbook of the Economics of Innovation. 2010, vol. 2, p.1181–1218.

［165］ 内閣府 統合イノベーション戦略推進会議. 革新的環境イノベーション戦略. 2020. https://www.kantei.go.jp/jp/singi/tougou-innovation/pdf/kankyousenryaku2020.pdf.

［166］ 横山明彦. スマートグリッド. 日本電気協会新聞部, 2010.

［167］ 岩村一昭. 社会インフラのスマート化と運用管理. 電子情報通信学会総合大会講演論文集. 2015, vol. 44, no. 3, p.12–18.

［168］ 長谷川義朗, 進博正, 服部雅一. スマートコミュニティ分野のビッグデータ活用. IEEJ Transactions on Electronics, Information and Systems. 2013, vol. 133, no. 3, p.509–519.

［169］ 阿部力也. デジタルグリッド. エネルギーフォーラム, 2016.

［170］ 資源エネルギー庁. 水素・燃料電池戦略ロードマップ（平成 31 年改訂版）. 2019. https://www.meti.go.jp/press/2018/03/20190312001/20190312001-1.pdf.

［171］ 新エネルギー・産業技術総合開発機構. “NEDO 水素エネルギー白書”. 新エネルギー・産業技術総合開発機構. 東京, 日刊工業新聞社, 2015.

［172］ 経済産業省. カーボンリサイクル技術ロードマップ改訂版. 2021. https://www.meti.go.jp/press/2021/07/20210726007/20210726007.html.

［173］ 環境省. “中央環境審議会地球環境部会長期低炭素ビジョン小委員会（第 17 回） 参考資料 1 我が国における CCS 事業について”. https://www.env.go.jp/council/06earth/y0618-17/ref01.pdf, (参照 2021–08–01).

［174］ 国土交通省. スマートシティの実現に向けて（中間とりまとめ）. 2018. https://www.mlit.go.jp/common/001249774.pdf.

［175］ 閣議決定. 統合イノベーション戦略 2021. 2021. https://www8.cao.go.jp/cstp/tougosenryaku/togo2021_honbun.pdf.

［176］ 資源エネルギー庁. スマートコミュニティ事例集. 2017. https://www.meti.go.jp/press/2017/06/20170623002/20170623002-1.pdf.

［177］ Asia–Pacific Economic Cooperation. “Energy Smart Communities Initiative (Low Carbon Model Towns)”. https://aperc.or.jp/publications/reports/lcmt.html, (参照 2021–08–01).

［178］資源エネルギー庁. "登録小売電気事業者一覧". https://www.enecho.meti.go.jp/category/electricity_and_gas/electric/summary/retailers_list/, (参照 2021–08–01).

［179］資源エネルギー庁. 平成 28 年度エネルギーに関する年次報告（エネルギー白書 2017）. 2017. https://www.enecho.meti.go.jp/about/whitepaper/2017pdf/.

［180］経済産業省. デジタル技術を活用した新たなエネルギービジネスに関する調査. 2019. https://www.meti.go.jp/meti_lib/report/H30FY/000311.pdf.

［181］田口理穂. なぜドイツではエネルギーシフトが進むのか. 学芸出版社, 2015.

［182］Friedman, Thomas L. The World Is Flat（邦題：「フラット化する世界」）. Picador, 2007.

［183］Kaza, Silpa, Yao, Lisa, Bhada–Tata, Perinaz, Woerden, Frank Van. What a Waste 2.0: A Global Snapshot of Solid Waste Management to 2050. 2018. https://openknowledge.worldbank.org/handle/10986/30317.

［184］Health Effect Institute. State of Global Air 2019. 2019. https://www.stateofglobalair.org/sites/default/files/soga_2019_report.pdf.

［185］寺西俊一. 地球環境問題の政治経済学. 東洋経済新報社, 1992.

［186］野口悠紀雄. リープフロッグ 逆転勝ちの経済学. 文藝春秋, 2020.

［187］環境省. 環境インフラ海外展開基本戦略. 2017. https://www.env.go.jp/press/files/jp/106520.pdf.

［188］日本政府. インフラシステム輸出戦略. 2020. https://www.kantei.go.jp/jp/singi/keikyou/dai47/siryou3.pdf.

［189］Geels, Frank W. Technological transitions and system innovations: a co-evolutionary and socio–technical analysis. Edward Elgar Publishing, 2005.

［190］環境省. 海外展開戦略（リサイクル）. 2018. https://www.env.go.jp/press/files/jp/109300.pdf.

［191］経済産業省. 水ビジネス海外展開と動向把握の方策に関する調査. 2018. https://www.meti.go.jp/meti_lib/report/H29FY/000427.pdf.

［192］経済産業省. 海外展開戦略（水）. 2018. https://www.meti.go.jp/press/2018/07/20180727010/20180727010-2.pdf.

［193］Association of South–East Asian Nations. "ASEAN Smart Citier Network". https://asean.org/our-communities/asean-smart-cities-network/, (参照 2021–08–01).

あ と が き

　筆者は 2000 年代前半から、環境コンサルティングや再生可能エネルギー事業開発に従事することで、環境ビジネスの前線に身を置いてきた。並行して大学院にて企業の環境事業の意思決定についての研究をおこなってきた。本書では、筆者がビジネスとアカデミズムの両面で得た知見をもとに、企業の環境対応の背景にある理論や動向について取りまとめた。環境対応の検討にあたって必要となる、社会経済状況分析、ステークホルダー分析、問題解決手法、未来社会の方向性、などについて、読者が俯瞰できるようになることを目指した。

　企業の環境問題の研究は、文理融合の学際的な分野である。理学・工学・経済学・経営学・法学・政治学・社会学・金融・メディアなど、あらゆる分野が有機的に結び付けていくところに面白さがある。筆者はバックグラウンドとして、環境問題に学際的に触れ、さらに環境ビジネスに直接携わる機会を得てきた。自身のキャリアの中で眺めてきた、環境問題に対する社会の変化について少し述べさせていただきたい。

　筆者は、京都議定書が採択（1997 年）された翌年、メディアが地球温暖化問題について着目し始めた時代に新聞記者としてキャリアをスタートした。新聞記者時代に環境問題について取材する機会に恵まれたことで、情報が市民や企業の環境配慮行動に及ぼす影響に関心をもち、2004 年にミシガン大学大学院に留学し、環境問題についての研究をおこなった。当時は環境問題について自身が満足できる内容を学べる大学院を国内では見つけられなかったことが、アメリカの大学院を選んだ背景にあった。2006 年の修士課程修了後は、具体的に企業の環境問題解決に直接関与したいと思い、ベンチャー企業の環境コンサルティング会社に転職した。当時は現在ほど企業の環境問題への関心は高くなく、環境に携わる転職先の選択肢は非常に限られていた。その後の同社での経験は、日本の環境ビジネスの歴史そのものと重なった。当初は同社の調査・コンサルティング業務の中心分野はリサイクルであったが、社会における環境問題の重要課題が変化することに合わせて、LCA、地球温暖化対策、再生可能エネルギー、環境技術の海外展開など、次々と対象が推移していった。さらに東日本大震災とそれに続く FIT 制度開始が同社にとっての転換点となり、自

207

社投資での再生可能エネルギーの事業開発および運営に事業の軸足が移った。FIT 制度により、ベンチャー企業でも発電事業をおこなうことができるようになったためである。自身の仕事もバイオマス発電や風力発電を中心とした再生可能エネルギーの事業開発に移り、関連する技術・政策・法律・ファイナンス・組織運営・ステークホルダー対応などの知見を、横串で養う機会を得ることができた。並行して、改めて博士課程において、環境事業の意思決定についての研究をおこなう機会を得た。

　この十数年の間に、明らかに企業や市民の環境問題に関する行動様式が変わったと感じている。2004 年に筆者が留学した時点では、市民や企業の環境意識を高めることがまずは重要な課題認識であり、環境問題がこのように社会やビジネスにおけるメインストリームになることは想像できていなかった。筆者が環境ビジネスに携わってきた期間で、多くの企業がリサイクルや再生可能エネルギーなどの環境ビジネスに乗り出すようになり、また多彩な環境関連ベンチャー企業が生まれた。「グリーン成長戦略」に象徴されるように、現在の日本政府は環境産業を 2050 年までの長期の経済成長の柱としている。わずか15 年ほど前であれば単なるお題目にしか聞こえなかったかもしれないこのような政府方針は、現在においては高いリアリティをもっている。このリアリティは、本書を読んでいただいた読者には理解できることかと思う。

　読者においては、学生・ビジネスパーソンを問わず、本書を起点として、環境問題の各分野に研究・実務の視点を広げ、未来社会での環境問題解決に向けて具体的な行動を起こすことに役立ててもらえれば幸いである。

2022 年 5 月

藤平 慶太

索引

■著者略歴
藤平　慶太（ふじひら　けいた）　　慶應義塾大学大学院 理工学研究科 非常勤講師

1974 年東京都生まれ。一橋大学社会学部卒業、ミシガン大学大学院自然資源環境学院修士課程修了、東京大学大学院新領域創成科学研究科環境学研究系国際協力学専攻博士課程修了。博士（国際協力学）。毎日新聞社を経て、株式会社レノバ勤務。同社にて、環境ビジネスのコンサルティング業務（再生可能エネルギー、リサイクル、LCA、環境技術の海外展開など）、およびバイオマス発電・風力発電の事業開発に従事。

主な著書
　「カーボンフットプリントの最新現状・国際動向と事例集」
　（共著, サイエンス & テクノロジー, 2010 年）

企業と環境　　　　　　　　　　　　　　　　　© 藤平慶太　2022
2022 年 5 月 30 日　第 1 版第 1 刷発行

著 作 者　藤平慶太
発 行 者　及川雅司
発 行 所　株式会社養賢堂　〒113–0033
　　　　　　東京都文京区本郷 5 丁目 30 番 15 号
　　　　　　電話 03–3814–0911 ／ FAX 03–3812–2615
　　　　　　https://www.yokendo.com/

印刷・製本：星野精版印刷株式会社
PRINTED IN JAPAN　　ISBN 978-4-8425-0586-2 C3034